エンジニアのための
人間工学

―改訂第6版―

小松原 明哲　著

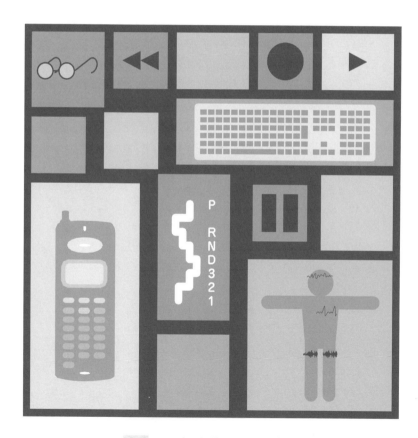

朝倉書店

はじめに：第6版にあたって

"使いにくい"ということはどういうことであろうか．それは人間の特性に，ものが適合していないということである．では"使いやすくする"にはどうすればよいか．それはものを人間の特性に適合させればよい．これが人間工学であり，システムの人間適合化技術といえる．

こうしたアプローチは，人間がその営みを始めた原始時代から存在している．たとえば石器．原始人が木の実を砕いたり，獲物の肉を切ったりするときに使ったものとされるが，手の大きさに合い，力が入れやすいかたちの石が使われている．つまり用途と使い手の掛け合わせで，ものが作られているということである．このことは現代社会でも変わらない．さまざまな機械やシステムが生み出されているが，その使い手である人間の特性を基点においた設計が求められる．

本書はこの考えのもと，"使いやすい"システム設計のための知識と技術を体系的に学ぶためのテキストとして版を重ねてきた．大学などでの授業のみならず，商品企画，開発，設計，品質保証，審査などの実務に携わる方にも役立つことを意図している．知っておくべき人間工学の知識を得ると同時に，自ら必要とされるデータを取得，分析し，製品のかたちに表していけるようにすること，つまり人間工学の実践の手引書であることを目標とした．その一助として，本書では，各章に問題を示した．問題を自分なりに解釈し，その評価，解決を（できれば仲間とのディスカッションを通じて）試みることで，人間工学の真の実力が身につくと思う．

さて，何ごとも基礎と基本は年月がたっても変わるものではないが，他の技術や学問同様，人間工学においても日々，新しい知識や技術が研究され，開発されてきている．そこで，今回，旧版の内容を精査し，5回目の改訂を行い，第6版を発刊した．これに関連して，本書の生い立ちについて少し触れておきたい．

　本書の初版は，筆者が早稲田大学助手にあった当時，非常勤講師を務めた日本工学院専門学校医用電子工学科の講義ノートを，筆者の指導教授であった早稲田大学横溝克己教授（1990年ご逝去）のご指導をいただき，日本出版サービス編集部石川佳子さんのご支援によりとりまとめ，出版したものである．その後，金沢工業大学，早稲田大学，また非常勤講師として赴いた大阪大学人間科学部，国立高岡短期大学（現，富山大学芸術文化学部），横浜国立大学理工学部での講義経験や，家電，住宅設備，医療機器，産業設備機器などのメーカの社員研修，共同研究の経験を踏まえて内容を順次，精査・充実し，改定を重ねてきた．この間，日本出版サービス渡邉正勝社長には，たびたびの改定に多大なるご高配をいただいてきた．本書にご指導，ご支援をくださった各位に心からお礼申し上げたい．

　世の中にはさまざまなシステムや機器，設備が次々に生み出されている．それらがより使いやすく，私たちの生活を豊かにしてくれるよう，人間工学の実践へのテキストとして本書を活用いただければ，筆者として大変幸いなことである．本書への各位の変わらぬご支援と，人間工学を踏まえた"人にやさしいものづくり"への理解と実践を改めてお願いする次第である．

　2021年早春

小松原 明哲

目　　次

1章

人間工学とは

本章では，製品（機械）と人間との関係性を明らかにする．

I　機　械

機械には2つのタイプがある．

　一つは人間の外部にあって，人間が制御するもので，コーヒーカップや文房具のような用品や用具，机や椅子のような設備がそうである．またそのなかには人間の能力を拡大するものもある．たとえば，自動車は人間の走る力，ものを運ぶ力を拡大し，電卓は計算能力を拡大する．こうした機械の最も単純な姿は道具である．そして機械が組み合わされたものが装置，さらには航空機や原子力発電所のような大型システムとなる．本書では，これらをまとめて"機械（マシン）"と呼ぶ．本書で扱われる主な対象は，人間の外部にあるこうした機械である．

　もう一つの機械のタイプは人間の内部にあって，損傷している人間の能力（機能）を補完するものである．義手，心臓ペースメーカー，人工心臓などの人工臓器がこれにあたる．人工臓器は人間の能力を拡大するものではなく，補完するところに意味がある機械である．

II　優れた機械の8要件

　使い手がその製品に望む性質が品質ということである．優れた機械，よい製品と呼ばれているものを調べてみると，次の8つの項目（品質項目）がよく考慮されている．

1) ニーズがある

その製品が真に必要とされていることが何よりもまず大切である．機械は，人間がそれを用いることによって，豊かで幸福な生活が営めるというところに価値がある．社会の健全なニーズがない機械を生み出しても，相手にされないばかりか，百害あって一利なしである．

2) 機能を果たす

所定の機能，性能を発揮しなくてはならない．自動車なら走らなくてはならないし，時計なら正しく時を刻まなければ意味がない．

3) 人間工学的につくられている

機械は必ずどこかでユーザ（人間）と結びついている．正しく，効率よく操作でき，かつユーザの安全，健康，快適性が守られるよう，機械は人間の特性に合わせてつくられねばならない．一言でいえば使いやすいこと，つまり靴に足を合わせるのではなく，足に靴を合わせるということである．

人間工学は，このように人間の特性に合わせた，使いやすいものづくりを目的としている．

4) 意匠がよい

工業デザインや感性的な側面，すなわち見た目のよさなども見逃すことのできない重要なポイントである．性能が同じであっても，その製品の使われ方やユーザ層によって，色や形状，動きや音，手ざわりなどを変化させ，楽しめるようにすることも大切である．

5) 安価である

価格があまりに高くては買う人はいない．また，たとえよく売れる製品であっても，販売価格に対して原価（コスト）が高ければ，利幅（販売価格−原価）は小さい．製品をいかに安くつくるかも重要なポイントである．これは「製造部門の問題だ」と設計者は無関係と思いがちであるが，"つくりやすい機械を設計する"，"共通部品を使えるようにする"，"部品数を少なくする"など，低コストでつくれるようにするために設計者が果たす役割は大きい．

6) 信頼性・耐久性がある

簡単にいえば，故障がなく，長持ちすることである．とくに，精密機械や人工衛星などのように修理がきわめて難しい，あるいは不可能な機械，人工臓器

のように故障すると最悪の事態を生じる危険性のある機械などでは，信頼性や耐久性が強く要求される.

7)　保全性がよい

機械の故障を少なくし，その寿命を延ばすためには，メンテナンスをしなくてはならない.　そこで，手入れ，修理が簡単に行えるような構造でなくてはならない.

8)　環境負荷が小さい，リサイクル性・廃棄性がよい

消費電力が少ない，環境を汚染する物質を放出しないなど，環境にやさしいことは重要である.　また，姿あるものはいつかは壊れ，廃棄される運命にあるが，そのときリサイクル，リユースできる部分が多いこと，またリサイクルできない部分は，環境を汚染することなく処理できることが大切である.

　以上の8項目は，製品の種類や用途，またその機械を使うユーザによって，それぞれウエイトは異なってくるものの，どれ一つ欠けても "よい機械" とはいえなくなる.

Ⅲ　人間工学の考え方

　人間は温度，湿度，騒音，照明などの物理的環境に取り囲まれ，衣服を身にまとい，さまざまな機械を一人で，あるいは他の人の支援を受けながら，所定のルールで使用している（**図1-1**）.　ヒューマンファクターズで用いられるSHELモデルはこのような状況を表している（**図1-2**）.

　人間工学とは，こうした人間を取り囲むさまざまなものと人間とのバランスを図るための技術であり，なかでも人間が自らの生活をより豊かにするために生み出したものを，人間（利用者，ユーザ）が "効果的"，"効率的" に，かつ "満足して" 使うことができるよう，その人間の心理的・生理的・身体的特性に合わせて設計することに注目している.　その実現のためには，設計者がユーザの実情を深く理解することが求められる.

　ところでここでいう効果，効率，満足とは，具体的には次のような内容を指している.

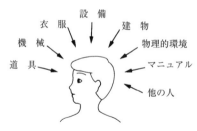

図1-1 人間は常にさまざまなもの
に取り囲まれている

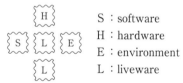

S ：software
H ：hardware
E ：environment
L ：liveware

図1-2 SHELモデル（Hawkins）
真ん中にあるLが自分自身を
示し，このLは周囲のS，H，
E，Lに取り囲まれて仕事を
していることを示している．

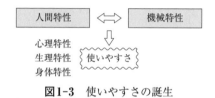

図1-3 使いやすさの誕生

①効果：ミスをしない，正しく使える，出来栄えがよいなど．

②効率：素早く使える，能率的に使える，スピーディに使えるなど．

③満足：疲れない，イライラしない，病気にならない，健康である，安全で
ある，気分がよい，使って楽しいなど．

これら，効果，効率，満足は，"使いやすさ（ユーザビリティ：usability）"
の尺度であり，これを追究するのが人間工学である（**図1-3**）．

"満足"と"効率"，"効果"は，一見すると無関係のようであるが，常に一
体の関係にある．

＜例1＞ 温泉地などのお土産に"巨大な鉛筆"，"巨大なボールペン（**図1-
4**）"がある．これらは普通のものに比べて，太さも長さも数倍ある．これを
使ってノートをとったらどうなるだろうか？

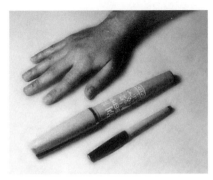

図1-4　巨大なボールペンと普通のボール
ペン，あなたならどちらを選ぶ？

・手が疲れる
・字がうまく書けずにイライラする ｝満足の低下
・きれいな字が書けない……………………効果の低下
・字が早く書けない……………………効率の低下

　普通の筆記具は人間の手の寸法という身体特性に合わせてつくられている
からこそ，疲れることなく，スムーズにきれいな字を書くことができるので
ある．

＜例2＞　電卓のキーが無秩序に並べられていたら（**図1-5**）どうなるだろう
か？

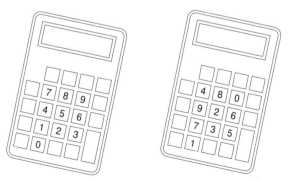

図1-5　普通の電卓とキー配置のバラバラな電卓，
あなたならどちらを選ぶ？

・キー操作が遅くなる……………………効率の低下

・キーの押し誤りが増える………………効果の低下

・イライラする

・やる気がなくなる } 満足の低下

　電卓のキーは人間の認識という心理特性に合わせて順序よく並んでいるからこそ，イライラすることなく，誤りもなく，スピーディに操作できるのである．

＜例3＞　パソコンのモニタ画面に，まぶしいほどの明るい輝度で文字が表示されていたら（**図1-6**）どうなるだろうか？

・まぶしくて眼が疲れる

・視力が低下する } 満足の低下

・仕事が長く続けられない………………効率の低下

・見誤りが増える…………………………効果の低下

　人間の眼は，明るい発光体を長時間見続けることには生理学的に適していない．まぶしいほど明るいモニタ表示では視覚系に過度の負担をもたらし，仕事は続けられなくなる．

図1-6　明るすぎるモニタと普通のモニタ，あなたならどちらを選ぶ？

Ⅳ　人間工学の意味

　人間工学に相当する英語として"human factors", "ergonomics"という2つが用いられている.

　human factorsは20世紀の機械の時代に入り，主にアメリカで発展してきたもので，応用心理学に起源があり，情報を効率よく伝達するためのマン–マシンインタフェース（とくに航空機のメータ）の設計が発端であった．人間が効率よく，ミスなく機械を使えるようにしようという効率や効果に主眼がおかれている.

　一方，ergonomicsはヨーロッパを起源としたもので，ergon（労働），nomos（法則）という2つのギリシャ語からつくられた合成語である．その起源は労働医学で，18世紀の産業革命期にさかのぼることができる．労働環境や労働時間など，人間の労働における健康，安全，快適さなどに主眼がおかれている.

　これら2つの考え方は一体のものではあるが，本書では主にhuman factorsの視点から議論を進めていきたい.

問　　題

(1) 自分の身近にある製品を取り上げて，本章で述べた8項目についてどの
ような設計がなされているか検討せよ．また各項目について，その製品を
さらにどのように改善していったらよいか具体案を示せ．

(2) 身のまわりにある機械や道具を使いやすさの観点から評価せよ．もし使
いにくいのであれば，それは人間のどういう特性にそぐわないのか検討せ
よ．また使いにくいことによって引き起こされる問題を検討せよ．

(3) 本章で述べた8項目以外に重視すべき品質項目はないか議論せよ．

(4) 人間工学に関係するJIS規格（ISO規格）にはどのようなものがあるか
調べてみよ．

2章

マン-マシンシステムと人間工学

　本章では，人間と機械との関係をマン-マシンシステム（ヒューマン-マシンシステム）としてとらえ，人間工学的にどのような設計課題があるのかを概観する．

I　マン-マシンシステムモデル

　人間が機械を使用するとき，人間と機械とは情報の仲介により結びついている．この状況を**図2-1**に示す．これはマン-マシンシステムモデルと呼ばれ，人間と機械との結びつきを示す最も基本的なモデルである．

　受容器とはいわゆる五感（視覚，聴覚，皮膚感覚，嗅覚，味覚）をいい，人間の外部センサとして外界の情報を受け入れる器官である．一方，表示器とはメータ，ランプ，ブザーなど，人間の五感を通して情報を伝えるための装置である．

　人間は表示器（display）に表示された情報を受容器（receptor）を通して受け取ると，それを大脳で処理し，何らかの判断を下す．次に，判断した結果を実行するために，人間は効果器（effector）を使って機械の操作器（control）を操作する．

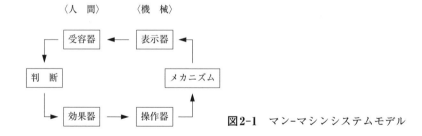

図2-1　マン-マシンシステムモデル

　効果器とは随意筋（自分の意思で動かせる筋肉）すべてと考えられる．具体的には手や足，声帯，眼球運動などであり，判断した内容を外界へ伝えるための器官である．

　操作器とはハンドルやレバー，マイクロフォンなど，機械が人間の判断を受け入れる装置をいう．機械は操作器によって人間からの情報を受け取ると，メカニズムが働き，状態が変わる．そしてその状態を再び表示器によって提示し，人間の判断を仰ぐ．

＜例1＞　腕時計の針を合わせる

＜例2＞　扇風機の風量を調整する

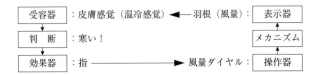

　表示器と操作器は，人間と機械（メカニズム）との接点にあることから，マン-マシンインタフェース（ヒューマンインタフェース，ユーザインタフェース）という．

II　機械設計における人間工学

　機械設計において，人間工学上の細心の注意が必要となる項目はさまざまであるが，なかでも中心となるのは以下の8つである．

1）表示器
　人間と機械とのあいだで正しく，素早い情報の受け渡しができるようにする

こと．たとえばメータの文字盤と指針の色の組み合わせなどを人間の知覚特性に合わせることがきわめて重要である（4章参照）．

2) 操作器

操作器の形状，寸法，重量は，それが人間の身体的特性に合っていない場合には使いにくい．たとえば電話の受話器の握り部分が太すぎたり，重すぎたりしたのでは，うまく支えることはできない（5章参照）．

3) マン-マシンインタフェースの配置

どんなに優れたマン-マシンインタフェースであっても，それを扱う人間との空間的位置関係がくずれていたのでは，正しい情報の授受ができない．たとえば人間工学的に優れた寸法のハンドルであっても，それが**図2-2**のように自動車の天井についていたらどういうことになるだろうか（6章参照）．

4) フィードバックとスピード

たとえば友人と2人で話をしているときに，相手がうなずいてもくれなかったら，話が続けられなくなるだろう．また早口にまくし立てられたら，話の内容はなかなか理解できないし，不愉快な思いをするであろう．逆に，相手が言葉を選びながらゆっくりポツポツと話をしたら，イライラしたり，場合によっては眠くなってしまうだろう．話がスムーズに進むのは話のテンポがよいときである．マン-マシンシステムにおいてもこれと同じことがいえる．

マン-マシンシステムにおいて，人間と機械とのあいだで交わされるやり取り（インタラクション）でのフィードバックやテンポを適切にコントロールすることも，重要な人間工学上の検討項目である（7章参照）．

5) 操作手順と駆動方式

友人と話をするのに，相手が自分のよくわからない外国語を使いだしたら，あるいは相手が独特の言い回ししか受け入れないというのでは困ってしまう．

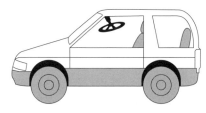

図2-2　天井ハンドルの自動車

どういう言葉（情報形態）で，どういう順序でインタラクションを図るのか，ということが課題となる（8章参照）．

6) 漏洩物

電磁波，放射線，熱線，有害光線などを出す機械もある．たとえば無線送信器のなかには強力な電磁波を出すものがあり，人体に有害な影響を及ぼすとの報告もあった．こうした機械からの漏洩物，発射物によりユーザの健康が損なわれることもあり，人間工学上，細心の注意をはらうべき項目である（9章参照）．

7) 物理的環境

マン-マシンシステムが設置される物理的環境によっては，マン-マシンインタフェースにおける情報授受が妨害されたり，人間が悪影響を受けて正しいオペレーションができなくなることがある．たとえば反射光（グレア）はメータの読み取りを妨害する．また高温環境下では，人間は暑さからイライラし正しい判断を下せなくなる（10章参照）．

8) 使用継続時間

どんなに使いやすい機械であっても，休むことなく長時間使い続けると疲れ，やがて疾病をまねく．機械の特質に応じた使用時間の上限についても注意を払わなくてはならないことがある．自動車であれば長時間ドライブは避け，適切に休憩を入れる，といったことである．

	問　　題	

(1) 自動車と運転者との関係をマン-マシンシステムモデルに示せ．なお自動車運転中に表示される情報は，さまざまな表示器により提示されるのが普通である．このような場合，**図2-1**に示した基本モデルをどう拡張すればよいか．

(2) 身のまわりにある機械や道具，設備などのうち，使いにくいものの例を探し，それが機械設計における人間工学の8項目のうち，どれに反しているかを説明せよ．

3章

人間の仕組みと特性

人間工学とは，人間の"生理的"・"心理的"・"身体的"特性（**図3-1**）に合わせて，人間を取り囲むものを設計することである．そこで本章では，これら人間の諸特性について基礎的な事項を学びたい．

I　生理的特性

人間の器官とその働きは主に生理学で扱われる．ここではその要点を簡単に述べよう．

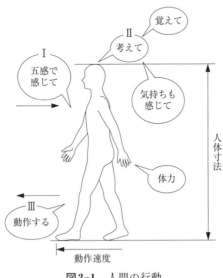

図3-1　人間の行動

1. 人間の器官

人間は大きく10の器官に区分される.

1) 骨格系

支柱，テコとして働き，身体の支持，動作を可能とする．また脳や肺，心臓など重要な臓器を保護する．造血作用もある.

2) 筋肉系

関節（可動関節）を挟んで隣接する骨に付着し，収縮して骨を動かし，運動を行う．テコの原理により大きな力を発揮することができる（**図3-2**）．関節を曲げる作用をする筋肉を屈筋といい，伸ばす作用のある筋肉を伸筋という（**図3-3**）.

3) 感覚系

外界からの情報を受け取る器官のことで，受容器（五感：視覚，聴覚，皮膚感覚，味覚，嗅覚）を指す．皮膚感覚については，さらに温覚，冷覚，痛覚，触覚（圧覚）の4つに細分される．視覚，聴覚，皮膚感覚は物理的刺激を受容するが，味覚，嗅覚は化学的刺激を受容する.

4) 神経系

人間の器官への素早い情報伝達に関与する．感覚器と大脳をつなぐ神経を感覚神経，大脳と効果器（筋肉）をつなぐ神経を運動神経，また内臓活動の調整

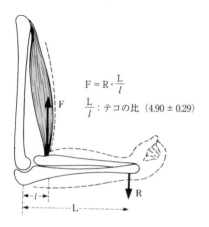

$$F = R \cdot \frac{L}{l}$$

$\dfrac{L}{l}$：テコの比（4.90 ± 0.29）

図3-2 関節と筋肉との関係（上腕屈筋）
（福永哲夫，他：運動生理学概論，大修館書店，1975より）

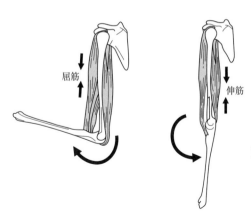

図3-3　屈筋と伸筋の関係
　　　関節を曲げるときには屈筋が
　　　収縮し，伸ばすときには伸筋
　　　が働く．

のための神経を自律神経という．脳や脊髄など，情報処理の中心的な神経を中枢神経という．自律神経には交感神経系と副交感神経系の2つがあり，前者は身体活動やストレスを受けたときに内臓に働きかけ活動を活発化させる神経系で，心拍数の増加，血圧の上昇などをもたらす．後者はその逆で，緊張から解放してリラックスさせるように働きかける．

5）内分泌系

　神経系が素早い一過性の情報伝達を行うのに対して，内分泌系はホルモンを血液中に分泌し，標的器官に対して比較的ゆっくりと持続的に情報を伝達する．ホルモンの作用としては，身体の成長，性腺の発育，情動をはじめとする本能的な行動の支配，血糖値の維持などの内部環境の調整であり，広い意味で体調を整える作用をもっているといえる．

6）消化系

　口から肛門までの消化管と消化液を分泌する腺など，食物を分解して栄養を吸収するための器官である．

7）呼吸系

　鼻孔から肺までの，酸素を吸収し二酸化炭素を排出する，文字どおり呼吸のための器官である．

8）循環系

　血液およびリンパ液を循環させる心臓・血管・リンパ管系のことである．血液，リンパ液の循環により栄養や酸素，ホルモンを各体組織に供給し，老廃物

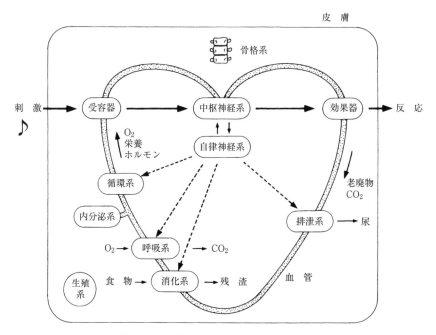

図3-4 人間の仕組みモデル（小松原）

を搬出することが可能となる．

9）排泄系

尿の生成に関与する腎臓，膀胱などである．

10）生殖系

自分の遺伝子を残していくための器官をいい，男性では睾丸など，女性では卵巣，子宮などである．

これらの人間の各器官を，その相互関連性に注目してモデル化すると**図3-4**のようになる．

外界と積極的なかかわりをもって人間が生存していくための受容器から効果器に至る情報処理系が，このモデルの中心である．これを**動物的機能**といい，外部の刺激に対応した動作，記憶，思考を行ったり，快・不快などの感情を感じたりしている．

　この情報処理系を維持するために，呼吸器，消化器，内分泌器，循環器，排泄器がある．これらを植物的機能といい，血液を通して酸素や栄養を身体各部に供給し，また二酸化炭素や老廃物を除去するなど，体内の恒常性，そして生命を維持すべく働いている．

　これら諸器官は，皮膚および骨格によって，頭部，頸部，体幹，上肢，下肢の5つの部分として人間の形態にまとめあげられ，自立，運動が可能となる．このように精巧につくられた人間もやがては死を迎え，消滅する．そこで生殖系により次の世代の新しい生命がつくられる．

2. 恒常性の維持

　前述した恒常性はたいへん重要な用語なので，あらためて解説しておきたい．

　人間は，自らがおかれている環境（温度，湿度，酸素濃度など）が変化したり，あるいは自ら運動や精神的活動を行うなどによりストレスが加わると，これらの環境変化や活動に最もよく適応するように生体内部の諸器官の働きを調整し，内部環境を一定に保とうとする．たとえば走っている場合には，より多くの酸素を筋肉に供給し，老廃物を除去するために，心拍数，血圧，呼吸数が増加し，また体温を一定に保つために発汗する．

　このように生体の内部環境を一定に保とうとする働きを恒常性（ホメオスタシス）の維持といい，そのための諸器官の反応を汎適応症候群（general adaptation syndrome：GAS）という．

II　心理的特性

　受容器から中枢を経て効果器に至る人間の情報処理系のもつ特性は，心理学で扱われる．ここでは人間工学に関係の深い点についてまとめておく．

1. 受容器の基本特性

　受容器は外界の情報を取り込むための人間の外部センサであるが，視覚には光線，聴覚には音波というように，それぞれ受容器に対応した物理的・化学的刺激にのみ応答する．このような刺激を適当刺激という．ただし適当刺激で

あっても，その強さがあまりに弱い場合には知覚されない．知覚が生じる下限の刺激の強さを刺激閾という．

刺激の強さがIからI＋⊿Iに変わったとき，⊿Iがあまりに小さいとその違いがわからない．刺激の差異がやっとわかる⊿Iを弁別閾という．ある刺激について，いろいろな強さで弁別閾を調べると，かなり広い範囲で⊿I/Iが一定であることがわかっている．たとえば重量については，両手にそれぞれ錘を乗せて両者の違いを識別させてみると，100gについては105gがやっと識別できるが，1,000gについては1,005gではなく，1,050gとなる．このように⊿I/Iが一定という法則はすべての感覚にあてはまり，これをWeberの法則と呼んでいる．

FechnerはWeberの法則を積分してWeber-Fechnerの法則を導いた．すなわち，

$$E = k \log I + C \quad (\text{k, C：定数，I：刺激の強さ，E：感覚の強さ})$$

となる．これは人間が感じる感覚の強さが，物理的・化学的な刺激の強さの対数に比例することを示している．

2. 認知過程

刺激閾以上の刺激が受容器に与えられて情報が人間に送り込まれると，この情報は図3-5に示すようなプロセスで加工されていく．一例として，視覚情報の処理プロセスについて述べる．

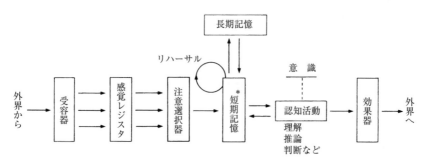

＊認知活動の途中経過を保存しておくための短期記憶を，作業記憶という場合もある．

図3-5 認知過程のモデル

①網膜にはさまざまな外界の状況が映る．これらの情報は感覚レジスタにとりあえず保存（感覚記憶）される．感覚記憶に保存できる時間は0.5 ～ 1.0秒程度といわれている．

②感覚記憶された情報のなかから，その人間が注意を向けている情報が一つ取り出され短期記憶へ送られる．この注意を選択的注意といい，また選択的注意された情報が一つだけ短期記憶へ送られることから，この仕組みを単一チャンネルメカニズムという．これは，人間は注意を向けている一つのことしか情報処理できないことを示している．

　　単一チャンネルメカニズムの例としてカクテルパーティ現象がある．パーティ会場でたくさんの人が騒々しく話をしているにもかかわらず，注意を向けた相手の話の内容だけがわかり，他の人の話し声は鼓膜を振動させているにもかかわらず，何を話しているのか意識にのぼらない．このように多くの情報のなかから注意を向けたもののみが処理される．

③感覚記憶からは，注意選択器を経て情報が一つずつ次々と短期記憶へ送られてくる．短期記憶に一時に収納できる情報の限界数は7±2チャンクといわれている．

　　チャンクとは，意味ある情報のひとかたまりを示す単位である．たとえば"8, 0, 8, 3, 2, 9, 8, 3, 0, 2, 6, 8, 3"という数列を一度に覚えよといわれても，どんなに集中したところで保持できるのはせいぜい最初の8, 0, 8, 3と最後の6, 8, 3ぐらいではないだろうか．この場合は数字一つが1チャンクであり，数列全体で13チャンクにもなるので，すべての数字は保持できないのである．しかし仮にこの数列を"八百屋さん，肉屋さん，お風呂屋さん"と読み替えたならば，おそらく1回で記憶できるであろう．この場合，店の名前一つが1チャンクとなり，合計3チャンクとなるから保持が容易なのである．

　　短期記憶に収められた情報は，そのままだと十数秒でほとんど消失（忘却）してしまうが，何回も心のなかや口に出して繰り返すと，その情報はいつまでも保持され，長期記憶にも転送される．このように短期記憶の内容を何回も繰り返すことをリハーサルという．

　　意味ある情報のほうが無意味情報よりリハーサルしやすく，長期記憶し

やすい. たとえば "2, 5, 9, 3, 8" という数列（無意味）より，"トリ，サル，イヌ，リス，ブタ" という動物名の綴り（有意味）のほうが，同じ5チャンクであってもリハーサルしやすいし，長期記憶もしやすい.

　情報がひとたび長期記憶に送られると，リハーサルをやめても再び思い出すことができる. これを再生という. またさまざまな項目が示され，そのなかから先にあった項目を指摘することを再認という. 短期記憶の容量は7チャンク程度と限界があるが，長期記憶の容量は無限である.

④外界から短期記憶へ送られてきた情報が長期記憶から引き出されてきた情報（知識）と比較照合され，理解，推論，判断などというさまざまな認知活動が行われる. ここで初めて外界から取り込まれた情報は意識にのぼり，これに対してその人なりの意味が与えられる. たとえば「幽霊の正体見たり枯れ尾花」という句があるが，これは枯れたススキの穂を見た臆病な人が，その視覚情報に対して長期記憶にある "幽霊" の知識をあてはめ，枯れたススキの穂に幽霊という意味を与えたことを示している.

⑤認知活動において，外界への何らかの働きかけが必要と決定された場合には効果器が動かされる. たとえば枯れ尾花を幽霊と判断し，さらに逃げる必要があると意思決定した場合には，人間は足を動かして逃げだす.

3.　知　覚

　受容器に与えられる刺激を感じ取る作用を知覚という. 知覚にはさまざまな特性がある. たとえば物理的な実際の状況と異なって知覚される現象を錯覚といい，幾何学的錯視がこの代表である. **図3-6**にその例を示した.

　事物は人間（動物）に意味（価値）を与える. これをアフォーダンス（affordance）という. たとえば腰高の平坦面は人間にとって "座る" という価値（意味）がある. これを "座ることをアフォードしている" という.

4.　反応時間

　たとえばランプがついたらボタンを押すというように，ある刺激を受容器が受けてから効果器を動かしてある反応をするまでの時間を単純反応時間という. またランプとボタンが複数あって，たとえば緑のランプなら右のボタン，

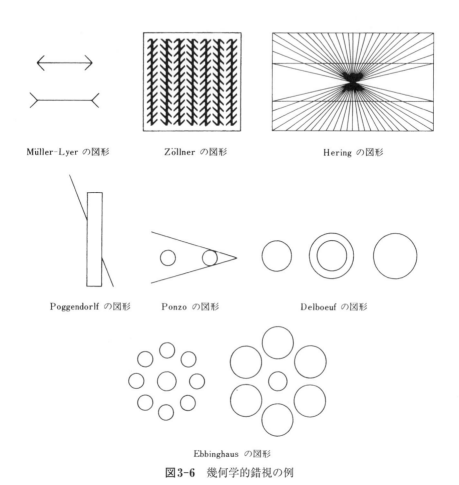

Müller-Lyer の図形　　　Zöllner の図形　　　　　　Hering の図形

Poggendorlf の図形　　Ponzo の図形　　　　Delboeuf の図形

Ebbinghaus の図形

図3-6　幾何学的錯視の例

　赤のランプなら左のボタンというように，応答を選択する場合の反応時間を選択反応時間という．

　表3-1に受容器と単純反応時間の関係を，**図3-7**に選択反応時間の測定例を示す．選択反応時間は選択肢数の対数に比例する．これをHickの法則という．反応時間は刺激の強さ，注意，練習，加齢，疲労などによって変動する．

表3-1 受容器の種類と単純反応時間
（Morgan, 1948）

刺激の種類	反応時間（msec）
視　覚	150〜　225
聴　覚	120〜　185
触　覚	115〜　190
嗅　覚	200〜　800
味　覚	305〜1,080
痛　覚	400〜1,000
冷　覚	150
温　覚	180

（八木　冕編：心理学，培風館，1967
より）

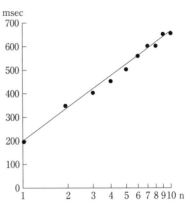

図3-7　視覚刺激の選択肢数に対する選択反応時間（Damon）

5. パーソナリティ

人間のもつ"その人らしさ"を形成するものをパーソナリティという．感情や情緒，欲求や動機づけなどがパーソナリティに深く関係している．

1）感情と情緒

意識にのぼった情報が，その人にとって"快か"，"不快か"によりもたらされる漠然とした心理状態を感情という．いわゆる気分がよいとか不快だとかという，あいまいな心理状態のことである．

後述するように，人間はさまざまな欲求をもっているが，それが満たされたか満たされないかによりもたらされる快-不快の感情はかなり強烈で，"歓喜，誇り，満足"，"悲哀，怒り，憎悪，恐怖，失望，嫉妬，侮蔑"など，その人の性格や考え方，状況などに応じて，はっきりと意識された心理状態となる．こうした強烈な感情を情緒（情動）という．

情動を感じているときには自律神経系，内分泌系の働きが促進され，さまざまな生理的変化がもたらされることが多い．以下の表現にその例を見ることができる．

・胸が高鳴る（心拍数の増加）：歓喜

・目の前が明るくなる/真っ暗になる（瞳孔の散大/収縮）：満足/悲哀

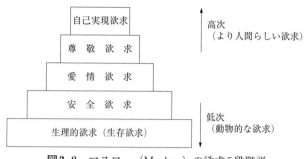

図3-8　マスロー（Maslow）の欲求5段階説

・冷や汗が出る（発汗作用）：恐怖

2）欲求と動機づけ

　人間の欲求は**図3-8**に示すように5段階から構成されている（マスロー〈Maslow〉の欲求5段階説）．高次の欲求はより人間的な欲求であり，低次の欲求を抑圧することもできる．

　これらの欲求が満たされないとフラストレーションが生じる．また人間は欲求を充足させる方向に能動的に行動を起こす．能動的行動に人間を駆り立てる要因を動機づけ要因（動因）という．

3）性　格

　人間の性格類型にはいくつかあるが，性格を体型との関係で分類する方法がある．体型に応じて，性格は次の3種類に分類できるという（クレッチマー〈Kretchmer〉の性格分類）．

①内臓型性格（肥満型）：循環（躁うつ）性格

　　→社交的，善良，明朗，安楽を好む，寛容，穏やか

②身体型性格（筋肉型）：粘着性格

　　→活動的，精力的，闘争的，融通がきかない，几帳面，執着

③頭脳型性格（細身型）：分裂性格

　　→非社交的，臆病，過敏，きまじめ，内気，温和

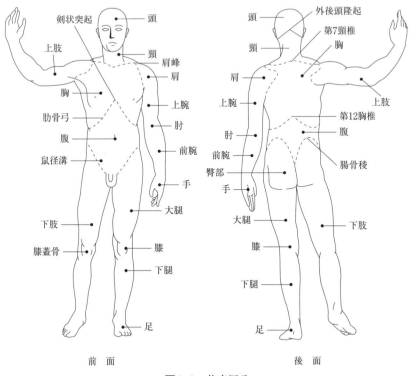

図3-9　体表区分

（中尾喜保：生体の観察，メヂカルフレンド社，1981より）

III　身体的特性

　人間の身体各部の寸法や形状，臓器の位置関係，また動作の特性などの身体の形態・動態の特性は，解剖学やバイオメカニクスなどで扱われている．

1．身体寸法と関節可動角度

　人間の身体は頭部，頸部，体幹，上肢，下肢の5つの部分から構成されている（図3-9）．

　表3-2に日本人の身体計測値例として身長，体重を示す．

表3-2　身長・体重の平均値および標準偏差（性・年齢階級別，令和元年厚生労働省国民健康・栄養調査による）

年齢（歳）	男性 身長 (cm)			体重 (kg)			女性 身長 (cm)			体重 (kg)		
	人数	平均値	標準偏差	人数	平均値	標準偏差	人数	平均値	標準偏差	人数	平均値	標準偏差
1	15	79.6	4.7	15	10.3	1.4	14	76.6	4.2	17	9.7	1.4
2	15	89.0	4.2	15	12.2	1.5	23	88.2	3.5	23	12.3	1.5
3	8	95.6	4.1	8	13.8	0.9	8	95.7	3.9	8	13.9	1.1
4	13	103.7	4.8	13	16.4	1.9	20	102.9	5.3	20	16.5	2.6
5	19	110.5	5.3	19	18.2	3.1	25	107.5	4.8	25	17.7	2.6
6	15	114.9	4.3	15	20.6	3.3	18	114.7	4.8	17	20.4	2.6
7	28	122.7	4.3	28	24.7	5.8	21	121.1	5.0	22	21.8	2.8
8	24	126.3	4.9	24	25.8	6.3	21	125.5	6.1	22	25.9	4.6
9	24	132.5	5.0	24	30.1	4.9	17	133.1	6.3	18	30.4	6.7
10	26	138.1	7.5	27	33.9	9.3	23	138.7	7.2	23	32.2	6.6
11	20	147.2	7.7	20	41.3	8.5	18	144.0	6.8	18	36.5	7.1
12	29	148.0	8.1	30	44.7	9.9	19	150.9	5.7	19	41.9	5.6
13	24	156.5	9.2	24	56.1	6.9	28	154.8	6.0	27	48.8	7.6
14	20	166.8	5.7	20	59.2	11.2	20	155.5	5.6	21	48.4	6.1
15	19	169.3	4.2	19	60.8	11.6	21	159.2	5.9	21	51.2	6.9
16	26	168.9	6.2	24	64.0	11.7	16	158.0	6.3	16	48.9	4.8
17	14	171.5	6.5	14	61.2	15.8	17	158.4	4.5	16	52.6	7.5
18	19	171.1	5.2	19	60.6	6.3	13	156.0	6.4	13	49.6	4.8
19	16	170.4	5.8	16	57.0	9.2	15	156.7	7.4	15	48.7	7.5
20	12	170.2	6.8	12	64.8	8.8	14	158.6	4.2	14	49.0	5.3
21	11	168.7	6.1	11	65.3	13.9	10	158.7	5.6	10	54.6	9.0
22	26	172.3	7.1	26	72.7	11.5	8	159.0	4.9	7	52.3	6.1
23	16	171.6	7.5	16	68.6	13.5	11	155.9	5.6	11	51.3	7.9
24	12	172.7	3.8	12	63.6	16.2	21	155.9	6.5	21	49.2	7.5
25	5	171.3	6.2	5		6.5	14	156.9	4.1	14	52.4	9.0
26～29	52	171.8	6.7	52	70.4	13.3	62	157.9	5.8	58	53.4	8.5
30～39	178	171.5	5.5	177	70.0	13.0	225	158.2	5.5	214	54.3	9.5
40～49	298	171.5	5.8	297	72.8	12.8	359	158.1	5.4	356	55.6	10.0
50～59	290	169.9	6.0	286	71.0	11.4	378	156.9	5.2	377	55.2	9.1
60～69	449	167.4	6.0	446	67.3	10.9	501	154.0	5.7	501	54.7	9.2
70～74	245	164.5	5.5	245	63.7	8.9	291	151.4	5.4	290	52.9	8.2
75～79	204	163.3	6.0	204	62.8	11.0	212	149.8	5.4	213	51.4	8.7
80歳以上	170	161.1	6.4	169	60.1	9.4	234	146.6	6.2	234	48.6	8.2

注）女性の体重の集計は妊婦15名を除外して行った。

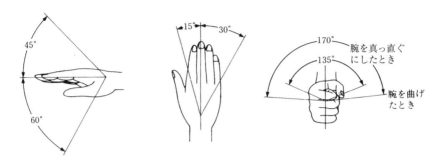

図3-10 手の関節可動角度
（E. Grandjean：Fitting the Task to the Man, Taylor & Francis, 1985 より）

　人間の可動関節は，それぞれある一定の可動範囲しかとることができない．これを関節可動角度，関節可動域，身体柔軟性などという．**図3-10**に手の関節可動角度を示した．

2. 作業域と補助動作

　人間の手の届く範囲は，手の長さ，関節可動角度の関係を基にして求められる．これを作業域という．正規作業域（正常作業域）は手を楽にテーブルにおいたとき，おおむね前方前腕長を半径とする範囲，最大作業域はおおむね手を伸ばしきった状態で手の届く範囲である（**図3-11, 12**）．

　ところで実際に手を前方に伸ばす場合，上肢の長さ以上のところでも楽に手が届く．これは上体を自然に前傾させているからである．このようにある動作を行うときに他の動作が自然と付随する場合，この付随する動作を補助動作という．補助動作の例を**表3-3**に示した．補助動作により，人間は身体寸法，関節可動角度から求められる範囲以上の動作を楽に自然に行うことができる．

　作業域内であっても身体への負担は異なる．とくに垂直作業域内の上肢の動作では，腕を上方に伸ばす（挙上する）動作は，腕自体を持ち上げるため，背筋などの多数の筋肉の動きも必要となり，また心臓より上に上肢が位置するため，心臓への負担も大きい．

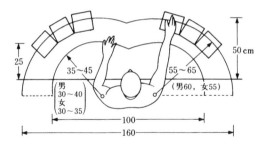

図3-11　平面作業域
　　　欧米人5パーセンタイル.
　　　ただしカッコ内は日本人
　　　の把握動作可能距離（横
　　　溝）
　　　（E. Grandjean：Fitting the
　　　Task to the Man, Taylor &
　　　Francis, 1985 より）

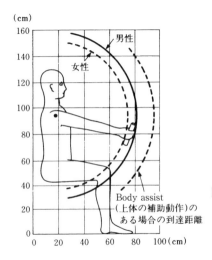

図3-12　垂直作業域
　　　欧米人5パーセンタイル.
　　　（E. Grandjean：Fitting the Task to the
　　　Man, Taylor & Francis, 1985 より）

表3-3　補助動作の例

- 前方へ手を伸ばす：上体が前方へ自然に倒れる.
- 手首をまわす：ドアのノブをまわすようなときには，手首の回転につれて前腕もひねられる.
- 眼球を動かす：視線を水平方向に90°以上動かすようなときには，眼球の回転につれて首から上の頭部も回転する.

----

3. 動作経路と動作時間

　身体に障害のない場合，人間が通常の動作を行うときの動作時間は個人差が小さく，身体部位の動作経路もほぼ同じである．たとえば手を伸ばすという上肢動作についてみると，手先は**図3-13**のような動作経路を描き，速度は加速-等速-減速というパターンを示す（**図3-14**）．またこのときの動作時間は**表3-4**のようであるといわれている．指先の動作時間を基準にすると，他の部位の動作時間は整数倍となっている．

　ただし厳密にいうと動作方向によって動作時間は異なる．**図3-15**に上肢動作の例を示す．

　このような動作時間の研究結果はMODAPTS法，MTM法，WF法などのpredetermined time standards（PTS）法にまとめられ，身体障害者の能力評価や，工場作業における作業（正味）時間見積り，機器の操作時間予測などに用いられている．

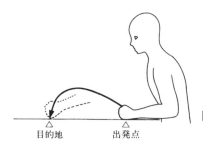

図3-13　人間の上肢動作の経路
　　　　　　目的地手前から急落する傾向にある．

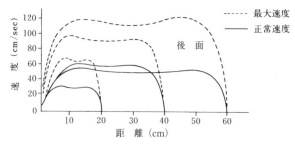

図3-14　速度-移動距離（ストロボシャッター法，横溝）

表3-4　上肢の動作時間（移動動作：MODAPTS法）

移動距離（cm）	主要動作部位	動作時間（sec）	比　率
約 2.5	指	0.129	1
約 5	手首から先の手	0.258	2
約15	前　腕	0.387	3
約30	上　腕	0.516	4
約45	伸ばしきった腕全体	0.645	5

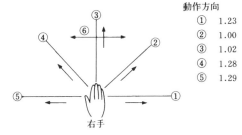

動作方向
① 1.23
② 1.00
③ 1.02
④ 1.28
⑤ 1.29

図3-15　動作と方向による時間比（電動ストップウォッチ法，計測精度1/100 sec，横溝）
　移動距離10～40 cmの範囲で，だいたいの位置に手を伸ばす場合の実験結果．
　②の方向が一番速く，その時間値を基準に①～⑤の時間値の比を示した．
　⑥の領域における左右移動には差がない．
　身体から離れる動作より，身体に近づく動作のほうが速い．
　　右手で左手領域で動作：右→左／左→右 = 1.13
　　左手で右手領域で動作：左→右／右→左 = 1.17
　　右手で右手領域で動作：手前→先／先→手前 = 1.06
　　きき腕のほうが速い：他の腕／きき腕 = 1.09

4. Fittsの法則

　ターゲットとするポイントを，手やマウスなどのポインティングディバイスを用いて指す（ポイントする）ための動作時間は，一般に次式に示すように，ターゲットまでの距離とターゲットの大きさの関数になる．これをFittsの法則という．

$$T = a + b \log_2(1 + D/W)$$

T：手（またはディバイス）を動かし，ポイントが完了するまでの時間

a：動作の開始・停止位置により決まる定数

b：動作速度

D：動作始点からターゲット中心までの距離

W：動きの方向に測ったターゲットの幅

これより，以下がいえる．

・動作の始点とターゲットまでの距離が長いほど動作時間がかかる．

・ターゲットが小さいほど時間がかかる．

Fittsの法則は，マウス操作をするための画面設計やターゲットとするボタン設計などに用いられている．

5. 力の方向

手や足が発揮できる力は力の加わる方向によって異なる．図3-16に上肢の発揮できる力を，図3-17に下肢の発揮できる力を方向との関係で示した．

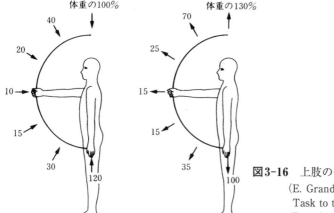

図3-16　上肢の発揮できる力
（E. Grandjean：Fitting the Task to the Man, Taylor & Francis, 1985 より）

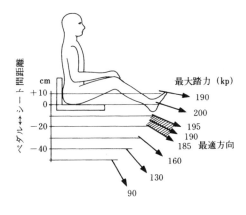

図3-17　下肢の発揮できる力
（E. Grandjean：Fitting the
Task to the Man, Taylor &
Francis, 1985 より）

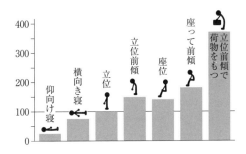

図3-18　姿勢と椎間板内の圧の比
（荷物の重さは10kg）
（Nachemson, 1976に基づく）

6. 作業姿勢

　Nachemsonは，立位での椎間板内の圧を100としたときの，他の姿勢での
比を示している（**図3-18**）．椎間板内の圧が高まると腰痛につながるため，そ
れらの姿勢が避けられる作業設備を設計することが求められる．

問　題

(1) 反応時間：A，B 2人が向かい合い，Aは50cmの定規をもち，Bはこれ
に指を触れないように，すぐつかめるような状態で定規に注目する．Aは
予告なく定規を離し，Bはこれをすぐにつかむ．このときに定規が何cm
落下したかを調べ，この値を基に人間の"見て→判断して→指を閉じる"
に要する反応時間を求めよ．またこの反応時間に個人差があるかどうか，
協力して調べよ．同一人についての疲労時や飲酒時についても調べよ．ま
た落とすことを予告した場合についても調べよ．

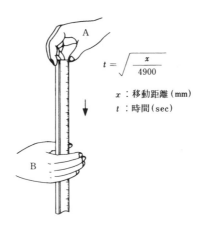

$$t = \sqrt{\frac{x}{4900}}$$

x：移動距離（mm）

t：時間（sec）

(2) 幾何学的錯視：工業デザイン，建築デザイン，衣服デザインなどでは幾
何学的錯視が巧みに利用されている例が多い．身近なところでの幾何学的
錯視の応用例を調べよ．

(3) 次の知覚現象について文献調査せよ．また人間工学的な利用の可能性に
ついて議論せよ．
・ゲシュタルトの法則
・プレグナンツの法則
・図と地の効果
・体制化

(4) 情動反応："目の前が真っ暗になる"，"手に汗をにぎる"など，人間の生理状態を表現するいいまわしは非常に多い．その例を調べよ．またそれらはどのような心理状態のときの生体反応か．

(5) 欲求と動機：自分の今日1日の行動を振り返り，食事，勉強などの行動を列挙せよ．それらの行動はマスローの欲求5段階説のうちのどれが動因となっているかを考えよ．

(6) 恒常性と汎適応症候群：全力疾走，マラソン，階段をかけあがるなどの全身的運動時に，自分の心拍数，呼吸数，体温，その他の気づいた生体反応を測定し，安静値との差を調べよ．また運動終了後の回復過程を調べよ．これらの生体反応は恒常性の維持に対してどのような役割を果たしていると考えられるか．

(7) 作業域：大きなテーブルに紙を敷いておき，手をテーブルに楽において座る．このとき上腕，前腕の方向，体幹となす角度を調べよ．次に片手にフェルトペンをもち，前腕を半径とするように手を動かして手先の移動曲線を描き，その移動曲線の広がり具合を調べよ．さらに上体を動かさずに手を伸ばし，この状態で手の届く範囲，また上体を傾けた状態で手が届く最大限の範囲について，同様に手先の移動曲線の広がり具合を調べよ．この際，上体を傾けて移動曲線を描いたときに身体が楽に動かせるのはどの方向か．

(8) 動作時間：人通りの多い道路で，たとえば電柱と電柱との2点の距離をあらかじめ測っておき，歩行者がこの2点間を何歩で歩いているかを調べ，人間の平均歩幅を求めよ．また移動時間を調べ，1歩当たりの平均動作時間を求めよ．さらに平均歩幅，平均動作時間に年齢差，性差，身長差，歩行目的による差などがあるかどうか調べよ．

4章

表示器

　人間の五感のいずれかを通して人間に情報を伝達する装置を表示器，あるいは単に表示という．表示器の例を**表4-1**に示した．

　マン–マシンシステムにおいて多用されるのは，視覚表示，聴覚表示，触覚表示である．本章ではこれら3つについて，表示器に対応する受容器の特性と主要な表示器の例を示す．

I　視覚の特性

1.　眼　球

　図4-1に眼球の水平断面図を示した．瞳孔は外界の光の量に応じて，その大きさを変化させ，眼に入る光の量を調整する．水晶体はレンズの働き，すなわち外界の像が網膜上にうまく結像するように，毛様体筋の働きによってその厚さを変える．網膜には視細胞が並んでおり，外界の光を検知する．視細胞には錐体と杆体の2種類がある．錐体は中心窩付近の眼底に多く分布し，明るいところで感度がよく，色を弁別できる．杆体は眼底周囲に多く分布し，暗いところでの弱い光に対して感度がよいが，色は弁別できない．中心窩は眼底の中心

表4-1　表示（器）の種類と例

視覚表示（器）	ランプ，メータ，標識，公共表示
聴覚表示（器）	ブザー，ベル，チャイム
触覚表示（器）	点字，携帯電話のバイブレーション
嗅覚表示（器）	都市ガスのにおい
味覚表示（器）	幼児用おもちゃの苦味（口に入れると吐き出す）

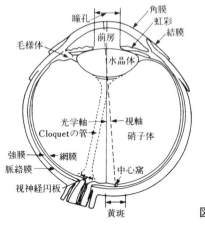

図4-1　右眼球水平断面

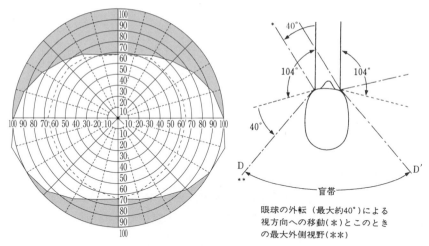

図4-2　両眼視の視野と視界
（真島英信：生理学，文光堂，1987より）

であり，錐体が最も多く集まっているので視力は最もよい.

2. 視野と視力

　視野とはある1点を注視したときに見える範囲をいい，単眼では内側に約
60°，外側に約104°である. **図4-2**に視野を示した.

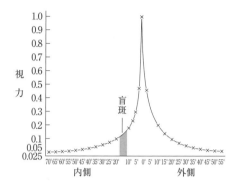

図4-3 中心窩からの角距離と視力
（真島英信：生理学，文光堂，1987
より）

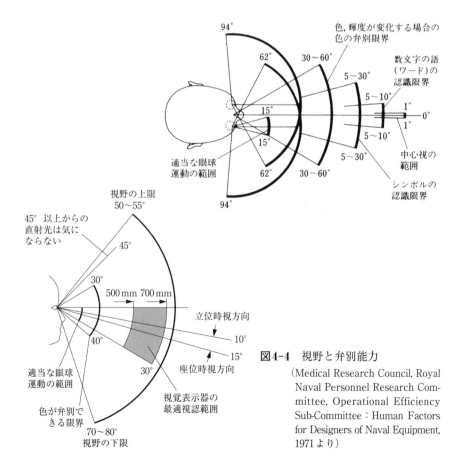

図4-4 視野と弁別能力
（Medical Research Council, Royal
Naval Personnel Research Com-
mittee, Operational Efficiency
Sub-Committee：Human Factors
for Designers of Naval Equipment,
1971より）

弁別能力が最も高いのは前述したように中心窩で，ここへの結像を中心視という．中心視から離れるにつれて視力は低下する（**図4-3**）．つまり周辺視の視力は低い．**図4-4**に視野と視力（弁別能力）との関係を示す．

3. 静止視力と動体視力

視力（静止視力）は2点を2点として弁別できる最小視角のことで，その単位は2つの点を2点として区別することのできる角度の逆数で示される．視力検査では**図4-5**に示すランドルト環を5mの距離から見分けることができる場合を視力1.0と定義している．

走行中の自動車から窓外のものを見るような場合の視力，すなわち動く物体に対する視力は通常，静止視力より低い．また物体の動く速度が速いほど視力は低下する．このように動く物体を視認する能力を動体視力という．**図4-6**に近接する指標に対する動体視力の測定例を示した．

4. 眼球運動

眼球運動には飛越運動，追跡運動，迷路性運動，輻輳および散開の4種があ

図4-5 ランドルト環
5mの距離から切れ目の方向
を判定させる．

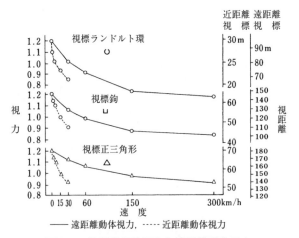

図4-6 遠距離動体視力と近距離動体視力
（鈴村昭弘：動体視力の研究―遠距離動体視力について．
名古屋大学環境医学研究所年報18，1967より）

る．飛越運動（saccadic movement）は視線を瞬間的に移動させる素早い運動
で，視力の低い周辺視に映った像を確認しようと，中心視を移動させる運動，
追跡運動（smooth eye movement）は動く物体を中心視で追いかけるときの
運動である．これらの運動では1回の眼球運動が60°以上になると，首を回転
させる補助動作が生じる．迷路性運動（labyrinthine movement）は頭が動い
ても注視点が動かないように，頭の動きと逆方向に眼球を動かす運動である．
また輻輳および散開は近くのもの・遠くのものを見るときの両眼の協調運動
で，いわゆる“寄り眼運動”が輻輳，その逆が散開である．

Ⅱ　視覚表示器

1.　視覚表示器の一般特性

　視覚表示の種類はきわめて多いが，代表的なものを**表4-2**に示す．これらに
共通した特性は**表4-3**に示すとおりである．
　視覚表示では人間が眼を開けて，それが視野に入っていなければ情報は伝わ
らない．これは視覚表示器の最大の弱点である．時間的に保存が可能とは，た
とえばパソコン画面の内容を，理解できるまで自由に何回も読むことができる
というようなことである．

表4-2　視覚表示の例

- 注意の喚起：ランプ
- 数量の伝達：メータ
- 意味の伝達：グラフィックシンボル
- 複雑なメッセージの伝達：テキスト文

表4-3　視覚表示の特性

- 眼を開けて視野内になければわからない．
- 時間的に保存することが可能．
- 複雑な情報を短時間に伝達することが可能．

2. 注意の喚起（表示灯）

機械においては，ユーザの注意を喚起するため次のような表示灯が用いられる（表4-4）．

1）パワーランプ

機械に電源が投入されているときに点灯するライトである．その目的として以下が挙げられる．

①作動できる状態になっていることを知らせる．

②電源が入っているのを知らずにうっかり機械内部に触れて，感電しないように警告する．

③不作動時に故障か停電かの区別をつけさせる．

④機械使用終了後に電源の切り忘れを防止する．

パワーランプには通常，白色が用いられるが，他の表示灯と位置的に区別でき，また作動灯もかねる場合には赤色が用いられることもある．

2）作動灯

機械が作動しているときに点灯するライトで，赤色または緑色が用いられる．赤色は危険，異常を，緑色は安全，平常を連想させるので，特殊，危険な

表4-4　表示灯の使われ方

大きさとタイプ	赤	黄・アンバー	緑	白
直径12.7mm程度かそれ以下	不良状態：失敗，停止動作中作動禁止	問題発生の予告	良好状態：良好，許容作動許可	状態表示：動作の進行の表示
直径25.4mm程度かそれ以上	システム，サブシステム全体の不良状態	要注意	システム，サブシステム全体の良好状態	
直径25.4mm程度かそれ以上：点滅（3〜5回/sec）	緊急警報			

（W. E. Woodson：Human Factors Design Handbook, McGraw-Hill, 1981 より）

作動をしている場合には赤色，安全な通常の作動の場合には緑色を用いる．たとえばデータレコーダにおいては，一般に再生には緑色，録音（記録）には赤色の作動灯が用いられている．

3）警告灯

そのまま機械を使用し続けると異常事態に至ることが予想される場合や，何らかの異常があった場合などに点灯するライトである．必ず赤色が用いられる．たとえば自動車の燃料切れ予告灯，シートベルト不着用の際の警告灯は前者の例であり，後者の例としては火災時の火災報知器の警報灯などがある．

とくに緊急な措置を要する警告については，点滅させて使用者の注意を喚起するとよい．点滅間隔は1秒間に4回程度がよく，点灯・消灯時間は等しいほうがよい．また単位時間当たりの点滅回数が増えると，より強い緊迫感を人間に与える．なお警告灯をむやみに多数設置したり，やたらと点灯させると，使用者の注意が喚起されなかったり，かえって注意が散漫になってしまうので，警告灯は本当に必要な場合にのみ設置し，点灯させる．

3. 数量の伝達（計器，メータ）

正確な値の読み取りにせよ，だいたいの傾向の読み取りにせよ，数量の伝達には通常，メータが用いられている．メータには可動指針型，固定指針型，デジタル（計数）型の3種類がある．

メータの使用目的としては次の4点が代表的である．

①正確な数値の読み取り（計数値の読み取り）

②"低・中・高"，"弱・中・強"など，だいたいのところを知ればよい場合の読み取り

③連続的に変化していくものの，変化の状況の監視

④ある目標値に対してダイヤルなどの操作器を動かして値を近づける場合（調整）の監視

図4-7に，これらの目的について上記の3種のメータの比較を示した．正確な数値を読み取るにはデジタル型が適当で，だいたいの値を一瞬にして読み取ったり，連続して変化する値の監視や調整には針の傾き（位置）から傾向のわかる可動指針型がよいことがわかる．

メータの種類	可動指針型	固定指針型	デジタル型
数値の読み取り やすさ	○	○	◎
だいたいの傾向, 変化の検出	◎	○	×
変化の状況と コントロール	◎	○	○

図4-7 表示器の比較

(E. Grandjean：Fitting the Task to the Man, Taylor & Francis, 1985 より)

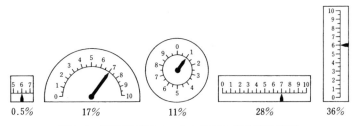

図4-8 可動指針型メータの形状と読み取り誤差

(E. Grandjean：Fitting the Task to the Man, Taylor & Francis, 1985 より)

1）可動指針型

　可動指針型の形状と値の読み取り誤差の関係を**図4-8**に示す．直線的な文字盤より，針の傾き（方向）パターンから値の傾向がわかる円，半円のほうが望ましい．

　また文字盤のスケールの刻み方については，**図4-9**に示すように最小目盛が1，10などの基本単位となっていること，添数字は1，5，10などの単位でついていることが重要である．累進は左から右，下から上へ増加するようにふる．さらに円型の目盛の場合には，円弧状にふるのではなく，水平とするのがよい．文字の高さについては次式が基準とされる．

$$文字高（mm）＝\frac{視距離（mm）}{200}$$

文字の幅，太さについては**図4-10**に基準を示した．

　"低・中・高"，"弱・中・強"などのように，だいたいの傾向がわかればよ

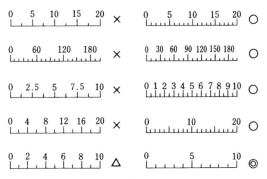

図4-9　添数字のふり方

（E. Grandjean：Fitting the Task to the Man, Taylor & Francis, 1985 より）

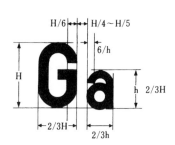

図4-10　表示盤の文字スタイル

（E. Grandjean：Fitting the Task to
the Man, Taylor & Francis, 1985
より）

図4-11　だいたいの傾向がわかれ
ばよい場合の表示盤の例

（E. Grandjean：Fitting the Task to the
Man, Taylor & Francis, 1985 より）

い場合には目盛をつけるよりも，**図4-11**に示したようにカラーコードのス
ケールをつけるのがよい．

　また文字盤と文字の色の組み合わせについては照明状態との関係において，
表4-5に示すものがよいとされている．

2)　固定指針型

　固定指針型メータには特別のメリットがないので多用されることはない．し
かし，たとえばヘルスメータのように機構上の利点がある場合には用いられ

表4-5　可動指針型メータの文字盤と文字の色の組み合わせ

照明の状態が良好		照明があまりよくない		暗い（暗順応を要する）	
文　字	文字盤	文　字	文字盤	文　字	文字盤
黒	白	黒	白	白	黒
黒	黄	白	黒	黄	黒
白	黒	黒	黄	オレンジ	黒
濃紺	白	濃紺	白	赤	黒
白	濃い赤, 緑, 茶	黒	オレンジ	青と緑	黒
黒	オレンジ	濃い赤と緑	白		
濃い緑と赤	白				
白	濃いグレー				
黒	明るいグレー				

（W. E. Woodson：Human Factors Design Handbook, McGraw-Hill, 1981 より）

る．固定指針型では読み取りのための注視部分は常に固定指針の位置と決まっているので，指針付近のみを窓とし，他の部分を覆ってしまうと読み取りの誤りはきわめて少なくなる．

　目盛などの設計基準は可動指針型メータとほぼ同じと考えてよい．

3) デジタル型

　デジタル型メータは横方向に長くするのが基本で，数字リングを回転させて各桁の数字を表示する場合，その回転方向は上に変化させることが望ましい．

　LED，液晶などの電子的デバイスを用いる場合は値の急速な変化にも対応できるが，連続的に数字をそのまま変化させるよりは，変化速度に応じた時間間隔をとり，その間隔ごとにその時点の値を表示したほうが，むしろ読み取りやすい．

4) 可動指針型とデジタル型を複合させる場合

　大きい桁の数値を一つのメータで，しかも正確に伝達しなくてはならない場合には，複数の指針による可動指針型メータ，あるいは可動指針型メータとデジタル型メータを複合させて用いる．

　図4-12は複合型メータの読み取りやすさの実験結果であるが，組み合わせ方によって読み取りやすさが異なる点に注意されたい．

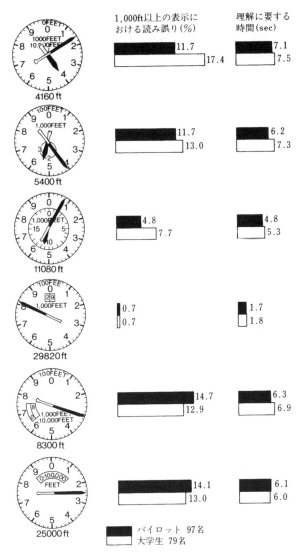

図4-12 可動指針型メータとデジタル型メータの複合と読み取り
やすさ

(W. F. Grether : Instrument reading—The design of long-scale indicator
for speed and accuracy of quantitative readings. J. of Applied Psychology
33, 1949 より)

ベル	スピーカ音量	受話音量	呼出音量	留守録
アラーム，ベル，チャイムなどのオン/オフ操作の表示に用いる．	スピーカ音量を調節する機能の表示に用いる．	電話器の受話音量を調節する機能の表示に用いる．	電話器の呼出音量を調節する機能の表示に用いる．	留守番電話機能のついた電話器で，留守番録音のオン/オフの操作表示に用いる．

図4-13 情報通信に関連する図記号の例（JIS S0103より）

4. グラフィックシンボル（操作用図記号）

　表示灯やメータなどの表示器，あるいは操作器の上やまわりに，それらの装置の意味を表すグラフィックシンボル（操作用図記号，絵文字，ピクトグラム，アイコンともいう）が併記されることが多い．**図4-13**に情報通信機器の図記号の例を示す．文字による説明とは違いグラフィックシンボルは機能や作用をイメージにより直観的に表すので，以下のような場合に用いるとよい．

　①ユーザに表示器や操作器の意味を瞬時に理解させたい場合
　②海外向けの製品や子ども用製品など，言語による説明では通用しないことが予想される場合
　③表示器や操作器の意味を言葉で表記したのでは長すぎてしまう場合

　ただし意味が確実に示せるグラフィックシンボルでなくては，かえってユーザの誤解をまねき，混乱させることになってしまう．

　グラフィックシンボルは標識などの公共表示にも用いられている．

Ⅲ　聴覚の特性

1. 耳

　耳は外耳，中耳，内耳に分けることができ，音に対する受容器のあるのは内

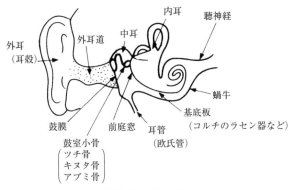

図4-14　耳の構造

耳である．**図4-14**に耳の構造を示した．

内耳への音の伝わり方には空気伝導と骨伝導の2つの経路がある．

1）空気伝導

空気振動が外耳から中耳に導かれて鼓膜を振動させ，その振動が順次内耳へと伝わっていく伝導経路で，能率がよく，通常の音の聞き方である．

2）骨伝導

音が頭骨を振動させ，それが直接内耳に伝わる伝導経路である．

2. 音の高さ，強さ

音の高さは周波数（振動数）によって決まる．周波数が高くなるにつれて音は高く感じられるようになる．

音の強さは"音波の進行方向に対して垂直な断面の単位面積を通じて単位時間内に伝播される音のエネルギー量"と定義されている．人間工学においては音圧レベル（sound pressure level；SPL）により扱われることが多い．音圧レベルは，非常に聴力のよい人が1,000 Hzにおいて聞き取れる音の強さが2×10^{-5}（Pa）であることを基に，この基準に対して次の定義式による比によって示されている（単位はdB）．

音圧レベル $= 20 \log_{10} P/P_0$

ただし，Pはある音の音圧（Pa），$P_0 = 2 \times 10^{-5}$（Pa）

なお音の強さのレベルL（dB）は次式で示される.

$$L = 10 \log_{10} \frac{I}{I_0}$$

ただし，Iは音の強さ（W/m²），$I_0 = 10^{-12}$（W/m²）

3. 音の大きさ

音の大きさ（ラウドネス）は，音の高さ，強さ，周波数構成などを複合させた感覚的な値で，ラウドネスの単位として1,000 Hz，40 dBの純音の大きさを1ソーン（soon）と定義している．ある周波数の音について，これと同じ大きさに聞こえれば1ソーン，2倍の大きさであれば2ソーン，n倍の大きさであればnソーンというように用いる．

またある周波数での音が1,000 Hzでのnソーンの純音と等しい大きさで聞こえた場合，その音はnフォン（phon）であるという．

各周波数ごとに同じ値の音の大きさ（フォン）に聞こえる音圧を調べ，線で結んだものを等ラウドネスレベル曲線という．

図4-15から，周波数が上がるにつれて，小さい音圧でも大きいと感じられる傾向があることがわかる．

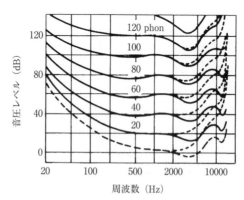

図4-15 等ラウドネスレベル曲線（Robinson & Dadson, 1956）
——：約20歳の場合，- - -：約60歳の場合
下の破線は最小可聴値を示す．

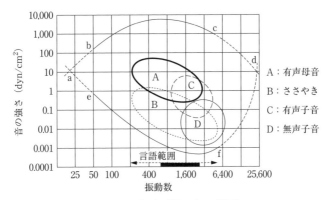

図4-16　聴野（聞こえる範囲）
（真島英信：生理学，文光堂，1987より）

4. 聴力と聴野

　人間が音として聞き取れる範囲（可聴範囲）は，周波数では20〜20,000Hz，音圧レベルでは0〜120dBである．120dB以上になると痛みを感じ，150dB以上では聴覚器官が破壊されてしまう．

　図4-16に人間の可聴範囲を示した．これを聴野といっている．

5. 音　色

　音色はきわめて官能的，音楽的，心理的な要素の強い音の側面である．

　一般に，①部分音構造（周波数成分），②全体の音の大きさ，③時間的特性，④波形などが音色の重要な構成要素といわれている．部分音構造については，倍音の混合比が深く関係している．全体の音の大きさは，一般に大きい音のほうが音色が豊かであるといわれている．時間的特性は，大きさの立ち上がり，減衰のことで，たとえば減衰についていえば，早く音を切れば歯切れのよい音色，余韻を残すように減衰させれば柔らかい音色となる．波形としては，正弦波などのように丸みを帯びた波形では柔らかで耳触りがよく，矩形波のような波形では金属的な冷たい感じとなる．

Ⅳ　聴覚表示器

1.　聴覚表示器の一般特性

　聴覚表示の例を**表4-6**に示す．これらに共通した特性は**表4-7**に示すとおりである．

　聴覚表示は人間に対してどちらの方向にあっても，耳に音が入ってくる．またたとえ睡眠中であっても目覚まし時計が鳴れば目が覚めるように，かなり覚醒水準が低下していても注意を喚起できる．これらは聴覚表示器の最大の利点であるが，しかしこれを裏返せば，聞きたくないときも聞かざるをえないということでもある．

　音は発生されたと同時に消失してしまう．すなわち時間的保存性は劣る．また地図を見ればすぐわかる道筋でも，電話で説明するとなると非常に時間がかかり，最後まで聞かないとわからない．それでもなお不正確にしか伝わらない．このように複雑な情報を伝達するには非常に時間がかかり，時には不可能ですらある（ただし微妙ないいまわしによって言外の感情を伝達するには適している）．

2.　注意の喚起（ベル，ブザー，チャイム）

　ベル，ブザーは異常のあった場合にけたたましく鳴らし，人間の注意を喚起

表4-6　聴覚表示の例

- 注意の喚起：信号音，報知音，ベル，ブザー，チャイム
- メッセージの伝達：アナウンス音声，合成音声

表4-7　聴覚表示の特性

- 覚醒水準が低下したり，注意が散漫になっている人間に対しても注意を喚起することができる．
- 時間的に保存できない．
- 複雑な情報を伝達するためには時間がかかる．

するのに有効である．音色や吹鳴パターンによっては，人間に緊迫した感情を抱かせることもできる．ただしベル，ブザーは繰り返し，あるいは長時間にわたって鳴らすと，逆に騒音となって不快感，イライラ感を与え，さらに他の聴覚表示の聞き取りを妨害（隠蔽）することになるので，必要以上に鳴らさないことや，確認したときにはリセットできる配慮が必要となる．

　一般に雑音環境下においては，信号音の音圧は隠蔽閾値（その雑音下での最小可聴閾値）に，さらに15dB加えた音圧以上とするのがよい．ただし，警笛などではあまりに大きな音量で鳴らすと，恐怖感から身動きできなくさせてしまう．

　チャイムやメロディ音は耳触りがよく，緊迫感をあまり与えないので，緊急を要さない場合の信号音や注意喚起音として用いられている．

3. メッセージの伝達

　スピーカーによる肉声の伝達のみならず，録音したアナウンス音声や合成音声によって言語（メッセージ）を伝達することが可能である．

　言語の伝達速度としては，日本語では1分間に300文字というのがニュース番組でのアナウンサーの標準的なアナウンススピードになっている．バラエティ番組などでは1分間に500文字と速いテンポで話している出演者もいるという．英語では通常の会話では1分間に120 〜 150ワードのペースといわれる．

　メッセージの冒頭に重要な内容が含まれている場合や，人間がメッセージの提示を予期していない場合には，これに先行する予告音を与え，メッセージの提示に注意を向けさせることが望ましい．

V　触覚の特性

　俗にいう触覚とは皮膚感覚および深部感覚のうちの振動感覚などの感覚の総称である．皮膚感覚は以下の3つに分けることができる．

　①圧覚：ものが触れたことを検知する．身体の各部によって閾値が異なる．

　　表4-8，9に圧覚閾値および2点知覚閾値を示す．

　②痛覚：痛みを検知する感覚である．痛みは"刺す痛み"と"鈍い痛み"に

表4-8 皮膚の圧覚に関する閾値

部　位	圧覚の閾値 (g/mm²)
舌　お　よ　び　鼻	2
唇	2.5
指尖および前頭部	3
指　　　　　背	5
手掌, 上腕, 大腿	7
手　　　　　背	12
腹　　　　　部	26
前　腕　背　部	33
腰　　　　　部	48

（簑島　高：新撰人体生理学要綱，續文
堂，1975より）

表4-9 2点知覚（空間知覚）閾値

部　位	2点知覚 (空間覚, mm)
指　尖　の　掌　側	2.3
第3指節の背側	6.8
手　　の　　掌　　側	11.3
足の掌側（足裏）	16.0
手　　の　　背　　側	31.6
頸　　の　　背　　部	54.6
背の中央, 　上腕および上腿	67.1

（簑島　高：新撰人体生理学要綱，續文
堂，1975より）

分けられる.

③温度・冷覚：温度差を検知する感覚である. 通常の皮膚温（27〜32℃）
で0.2℃の温度差も弁別可能である.

これら個々の感覚は中枢で総合化され，人間はものの表面の状態（肌触り），
その形状，振動パターンなどをも認知している.

VI　触覚表示器

1. 触覚表示器の一般特性

触覚表示は**表4-10**に示すように使われている.

静的触覚表示とは，人間が能動的に固形物に触れてその形状を識別するとい

表4-10　触覚表示の例

- ●静的触覚表示：押しボタン・レバーの把手，点字
- ●動的触覚表示：携帯電話のバイブレーション，航空機の
  スティックシェイカー

う表示方式であり，動的触覚表示とは，触れている物体が振動し情報を伝達するという表示方式である．

2. 図形の触覚識別能力とその応用

　三角形，円，また立方体，球などの平面・立体図形を，目隠しをした人間に触れさせ，このときの図形の認識率，他の図形との混同率を調べた結果を**表 4-11**，**図4-17**に示す．

　平面図形では円，三角形など，角がないか，あるいは角の鋭い図形のほうが認識されやすい．立体図形では平面図形の特性に加え，長手方向の方向性，くびれなどによって認識率が異なっている．

　このような人間の特性から，複数の押しボタン，ダイヤル，レバーなどが並

表4-11　2次元図形を能動的に手で触れた場合の認識状態
（Rosenbloom, 1929）

図　形	正認知率（％）	反応時間（sec）	最も多い誤認
円	80	4.1	
正方形	50	4.9	
三角形	80	4.0	
一部開いた円	54	5.4	
□字形	40	5.3	正方形
L字形	74	5.1	三角形
一部開いた三角形	6	3.5	閉じた三角形

（和田陽平，他編：感覚知覚ハンドブック，誠信書房，1969より）

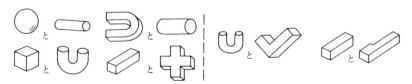

相互に混同されない　　　　　　　相互にかなり混同される

図4-17　立体を能動的に手で触れた場合の混同（Jenkins, 1947）
（和田陽平，他編：感覚知覚ハンドブック，誠信書房，1969より）

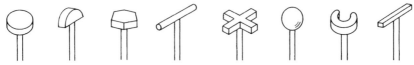

図4-18 触覚を利用したレバー把手部の形状コーディングの例
(F. ケラーマン，他編：人間工学の指針，日本出版サービス，1967より)

$$
\begin{array}{ccccc}
\text{1} & \text{2} & \text{3} & \text{4} & \text{5} \\
\text{6} & \text{7} & \text{8} & \text{9} & \text{0} \\
\end{array}
$$

1 2 3 4 5

6 7 8 9 0

10   100   1 2 3 4

図4-19 点字による数字の表し方

ぶ場合，あるいは暗闇で操作する場合に，それらの形状や寸法を変え，見て確認しなくとも混同しないように配慮する．これを形状コーディングという．**図4-18**にレバー把手部の形状コーディングの例を示す．

3. 点 字

　視覚障害者に情報を与えるための手段としては，聴覚または触覚に頼らざるをえない．

　点字では1マス6点（3行2列）を64通りに組み合わせ，一定のルールに従って1〜5個の凸点をつけ，カナ，アルファベット，数字に対応させている．指の腹を使ってなでて凸点を検知し，点字文字を読み取ることができる（**図4-19**）．

　また身近なところでは，シャンプーボトルの凸点や，電卓・パソコンのテンキーの5の上の凸点，紙幣に打たれている凸点や金額に対応した紙幣の大きさなどがあり，視覚障害の有無にかかわらず有用なものである．

4. スティックシェイカー

　航空機の操縦かんに装備されている機構であり，航空機が失速しそうになると，失速警報の吹鳴とあわせ操縦かんが小刻みに音を立てながら震え，パイロットに警告する．これは動的触覚表示の例である．

問　　題

(1) 表示器の種類：家庭用テレビの表示（表示器）および操作器（5章参照）をすべて列挙せよ．またそれらの表示（表示器）や操作器の使用が適切な状況であるか検討せよ．

(2) 嗅覚表示と味覚表示：嗅覚表示，味覚表示はあまり用いられていないが，それはなぜか．またこれらの表示の例としてはどのようなものがあるか．

(3) 視角：テキストのある1文字を注視し，視線を動かさずに上下，左右の文字を読み取ってみよ．どのくらい離れた文字まで読み取れるか．さらに視距離を2倍，1/2にして同じ実験を行ってみよ．次に視距離と読み取れた文字と注視点との距離を測定し，読み取れる範囲の視角を計算してみよ．

(4) 点滅：自動車の方向指示器，横断歩道の信号灯，踏切警報機など，点滅信号の点滅サイクルを調べよ．またこのサイクルを減らしたり増やしたりすると，人間工学的にどのような影響が生ずると思われるか．

(5) 音の伝導：自分の声を録音して再生すると別人のような声に聞こえるが，これはなぜか．音の伝導のしかたを基に考えよ．

(6) ブザーとチャイム：学校の授業の開始，終了の合図には，ベル，ブザーではなくチャイムを用いる学校のほうが多いが，それはなぜか．人間工学的に考察せよ．

(7) 報知音：家電製品などに搭載されている報知音（ピピピ……音）の吹鳴パターンと聴取印象との関係について調べよ．

(8) メッセージの聴覚表示：デパートの館内放送，空港の案内放送では，アナウンスに先立ちチャイムを鳴らしている．この人間工学的意味を考察せよ．

(9) メッセージの伝達：ニュースや朗読，バラエティ番組での発話速度を調べ，またそのテンポに関する印象や発話内容の理解の容易性について考察せよ．

(10) 図形の触覚識別：ポケットに1円，5円，10円，50円，100円，500円の硬貨を一つずつ入れ，ポケットに手を入れて指先で触れ，各硬貨を識別してみよ．正しく識別できる硬貨，混同してしまう硬貨はどれか．またなぜ識別，混同が起こるのかを考察せよ．

5章

操作器

　手足などの働きによって機械に情報を伝える装置を操作器という.

　マン-マシンシステムにおいては，操作器は手により操作されるものが多く，次いで足（脚）によるものがある．四肢に障害をもつ身体障害者に対しては，頸の動き，眼球運動，呼気などにより操作できるものもある.

　操作器の設計において重要な点は操作性と操作感である．操作性とは操作スピード，精度などである．操作感とは操作器を操作した際に，操作抵抗や操作音などによって，確実に操作されたことを感覚を通してフィードバックさせることである．たとえば自動車のハンドルの適度な重さ（抵抗）や，カメラのシャッターを押したときの感触，カシャッという音などがこれにあたる.

　本章では手および足によって操作される操作器の操作性および操作感について述べる.

I　手と足

1. 手

　手の働きとしてはものをつかむ働き（把持機能）がある．また，皮膚感覚によりものの硬さ，表面状態，温度などを非常に繊細に検出することができる（センサ機能）．人間は把持機能，センサ機能の組み合わせによって，さまざまな仕事をこなしている．またもう一つの機能として，合図や手話など，コミュニケーション機能もある.

2. 足

　足の働きとしては体重の支持，歩行，踏み込み動作などがあり，動作的には細かい動作というより，比較的粗大な動きである．

表5-1　手による各種操作器の特性

操作器	操作速度	段階制御の正確性	必要とされる労力	操作範囲
水平レバー	○	×	×	×
垂直レバー	○	△	○	×
コントロールレバー小	○	△	×	×
コントロールレバー大	○	×	○	×
ギアレバー	○	○	×	××
小クランク	○	×	××	○
大クランク	×	××	○	○
ハンドル	×	○	△	△
小ノブ（連続的）	×	○	××	△
大ノブ（連続的）	××	△	×	△
ノブ（切換段階的）	○	○	××	××
押しボタン	○	××	××	××

○：良好，△：まあまあ，×：良くない，××：非常によくない
(E. Grandjean：Fitting the Task to the Man, Taylor & Francis,
　1985より)

Ⅱ　手による操作器

1. 手による操作器と操作方向

　手による操作器は，押しボタンなどの起動用操作器，レバー，ハンドルなどの制御用操作器，キーボード，鍵盤などの情報入力用操作器，マウスなどのポインティング操作器などがある．これらの特性は**表5-1**のようにまとめられる．

　操作方向としては積極的方向（P方向）と消極的方向（N方向）がある．積極的方向とはその方向に操作すると増加，強化，起動，流通，正転などが起こる方向であり，消極的方向とは減少，弱化，停止，消滅，逆転などが起こる方向である．**表5-2**の関係が一般的であるが，装置特性や，その装置が利用される国や地域の習慣・伝統による動作の特性（ポピュレーションステレオタイプという）により逆に設定されることもある．

2. ノブつまみのコーディング

　回転ノブ（つまみ）は溝を切って操作をしやすいようにするが，これは単に滑り止めというだけではなく，触れただけでノブの区別をつけることができる．これを形状コーディングといっている．**図5-1**に示すように種々のものがあり，次のように使い分けられている．

表5-2　P方向・N方向の操作

	P 操 作 （より積極的方向への操作）	N 操 作 （より消極的方向への操作）
操作方向	上へ 右へ 先方へ（押す） 時計式に	下へ 左へ 手前へ（引く） 逆時計式に
ボタンなどの操作器が2つ並置される場合	上側のボタン 右側のボタン 先方側のボタン	下側のボタン 左側のボタン 手前側のボタン

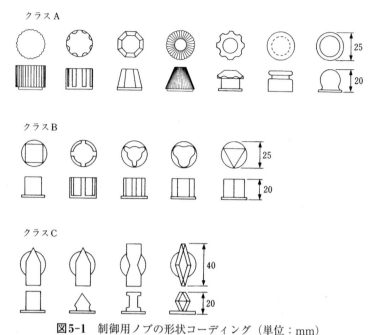

クラスA

クラスB

クラスC

図5-1 制御用ノブの形状コーディング（単位：mm）

（D. P. Hunt：The coding of aircraft controls. USAF, WADC, TR 53-221, 1953 より）

①クラスA：1回転，あるいはそれ以上回転する連続制御用（ラジオの
　チューニングダイヤルなど）

②クラスB：1回転未満の連続制御用で，ノブの方向があまり重要ではない
　場合（ラジオのボリュームつまみなど）

③クラスC：ノブの位置，方向が重要性をもつ段階的・連続的制御用
　（on-offのスイッチ：ノブの方向がon-offの状態を示す，家電製品のタイ
　マーダイヤル：ノブの方向が残り時間を示すなど）

Ⅲ　足による操作器

　足による操作器の代表的なものとしてフットスイッチやペダルがある．"両手
がふさがっている場合"，"単純な動作の繰り返しの場合"，"力を持続的に加えな

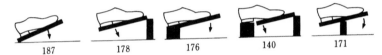

図5-2 種々のペダルとその操作スピード（1分間当たりの踏み込み回数）
（E. J. McCormic：Human Factors Engineering, McGraw-Hill, 1970 より）

くてはならない場合"，"大きな力を加えなくてはならない場合"に用いられる.

これらの具体例として，それぞれ歯科用ユニットのフットスイッチ，小型プレスの足踏みスイッチ，自動車のアクセルペダル，自動車のブレーキペダルが挙げられる.

ペダルには，かかとを支持台につけて操作するタイプ（アクセル型）と，かかとをつけずに踏み込むタイプ（クラッチ型）があり，操作スピードは踏み込み1回当たり，アクセル型で約0.387秒，クラッチ型で約0.645秒と，アクセル型のほうが速い（MODAPTS法による）. ただし踏力についてはクラッチ型のほうが大きい力を発揮できる. これらのほかに**図5-2**に示すようなペダルも用いられている.

IV 操作感

たとえばキーボードのキーにおいては，**図5-3**に示すように，押し下げとともに重さ（抵抗）が徐々に大きくなり，スイッチが入りデータが入力された瞬間にすっと軽くなるように設計されている. そしてこの瞬間にクリック音が聞こえ，ディスプレイには入力情報が提示される. このような操作に対する触覚・聴覚・視覚フィードバックにより操作感が得られる. 操作感があることで，ユーザはデータが正しく入力されたという安心感，快感を覚えることができ

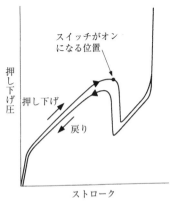

図5-3 キーボードのキーの押し下げ圧特性

る．機器操作において操作感が与えられないと，以下のような問題が発生する．

1）情報が正しく入力されたのかと不安になる

訪問先の玄関の呼び鈴ボタンを押したとき誰も出てこず，しかも家のなかからベルの音が漏れ聞こえなかったら，呼び鈴が壊れているのではないかと心配になってしまうだろう．

2）必要以上の操作をする

前述の呼び鈴でいえば，呼び鈴ボタンを何度も押したり，必要以上に強く押したり，長々と押したくなってしまう．

3）機械を制御・支配しているという感じがしなくなる

自動車のハンドルはある程度の重さがあり，大型車になるにつれて重くなるが，これによってドライバーは自動車を支配している実体感を感じ，適切な操作を行えると同時に，快感を抱くことができる．

V　操作器寸法と形状

ボタンや握りなどの手で直接扱う操作器において，その形状，寸法は，とくに重要性をもつ．ここで握りとは工具・道具類の取っ手，つまみ，カメラのボディ，電話の受話器などである．

1．ボタン

ボタンが小さく，しかも隣接していると，隣接する2つのボタンを同時に押してしまいがちになる．そこでボタンの大きさとボタン間隔についての推奨基準が示されている（図5-4）．

図5-4に示されている寸法値は，指を平板に押しつけたときにできる痕跡（指紋）の直径に相当している．

2．把手と握り

1）伝統的な用具の把手

伝統的な用具の形態は，長年にわたって人々が使いやすさを追究した答えで

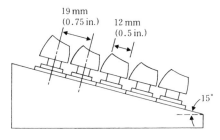

19 mm
(0.75 in.)

12 mm
(0.5 in.)

15°

図5-4　キーボードのキーサイズと間隔
の推奨基準
(Eastman Kodak Co.：Engineering
Design for People at Work, Vol.1,
Lifetime Learning Pub., 1983より)

あって，人間工学的な真実を表し
ていることが多い．

　前田ら（1970）は，伝統民具の
把手の寸法および形状を調べてい
る（**図5-5**）．ここから民具の把
手は縦，横とも約30 mmを中心
として縦長の楕円形のものが多い
ことがわかる．

　断面については，握るときの手
の状態と関係があり，包丁など上
方向から握るものは縦の，片手鍋
など横方向から握るものは横の楕
円となる．

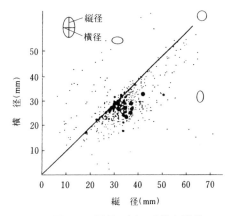

図5-5　民具の柄の寸法と形状
（前田正子，他：民具の人間工学的研究.
人間工学5(2)，1970より）

　また，すき，くわ，つるはし，スコップなどの農耕・土木用具の握り棒の太
さは，重い農耕具や力を込めて土を掘り返すための用具ほど太くなっている．

2）握りの形態

　人間が何かを握るときの形態としては次の4つがある．

●つまみ（図5-6）

　さほど力を加えることなく，"つまみ上げる"ときの握りである．対象の大
きさ（直径）が大きくなるほど，用いる指が増えてくる．

　対象が1cm程度までは，母指と示指を使って対象を挟み込む（pinch）．対
象を正確にコントロールすることができる．例としては鉛筆やピンセットの握

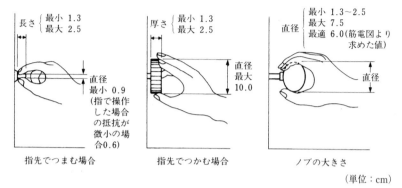

長さ { 最小 1.3 / 最大 2.5

直径 最小 0.9
(指で操作した場合の抵抗が微小の場合0.6)

指先でつまむ場合

厚さ { 最小 1.3 / 最大 2.5

直径最大 10.0

指先でつかむ場合

直径 { 最小 1.3〜2.5 / 最大 7.5 / 最適 6.0(筋電図より求めた値)

直径

ノブの大きさ

(単位：cm)

図5-6　"つまみ"と各種つまみの大きさ
（人間工学教育研究会編：人間工学入門，日刊工業新聞社，1983より）

り，抵抗の小さいダイヤル操作などがある．

　対象が1cmを超えると中指が添えられ，さらに対象が大きくなるにつれて，薬指，小指も添えられ，5cmを超えると小指も積極的に把持に加わるようになるが，つまみのできる直径は15cm程度までであ

図5-7　力を込めた握り

り，最大でも10cm以下であることが望ましい．

　また指先は握る力が弱いため，重たいものをつまみ上げたり，これをコントロールするには不向きである．対象の直径が2.5cm以下，7.5cm以上では，握力は極端に低下する．

●快適な握り

　「伝統的な用具の把手」に見られたように，民具の把手は3cm程度のものが多い．この直径で握ると，成人であれば母指が中指の爪を自然と隠す状態となり，楽な握り感である．自転車のハンドル，カラオケマイクなど，力を込めずに握ってもつものについては，この直径となっている例が多い．

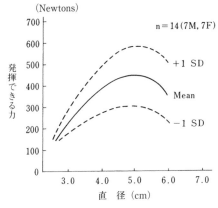

図5-8　対象物の直径と発揮しうる握力の関係（SUNYAB-IE 1982/83）

（Eastman Kodak Co.：Ergonomic Design for People at Work, Vol.2, Van Norstrand Reinhold Co., 1983 より）

● **力を込めた握り**（図5-7）

　手のひらを対象物に押しつけ，指でくるむようにする握り形態であり，握力を最大に発揮することができる（power grasp）．例としてはハンドドリルやのこぎりなどの大工用具の握りがある．

　図5-8に対象物の直径と発揮しうる握力の関係を示す．これによれば，対象物の直径が約5cmのときに握力が最大になることがわかる．このとき親指と中指がほぼ平行となる．すなわち力を込

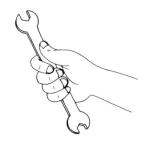

図5-9　母指を添えた握り

めて握らなくてはならない場合は，握りの部分の直径がこの状態を保つようになるとよいといえる．

● **母指を添えた握り**（図5-9）

　ハンマーの柄などを握る場合の握り形態であり，対象物に手のひらを押しつけ，母指以外の指でくるみ，母指を対象物に添える（oblique grasp）．この握りでは対象物をしっかりと保持することができる．発揮できる握力は力を込めた握りの約60〜70%である．

3.　曲がった把手

　手首から先を前腕に対してまっすぐにした自然の状態で発揮できる握力を

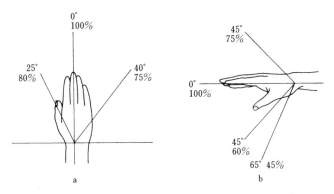

図5-10 手首の偏位と握力（SUNYAB-IE 1982/83）
（Eastman Kodak Co.：Ergonomic Design for People at Work,
Vol.2, Van Norstrand Reinhold Co., 1983 より）

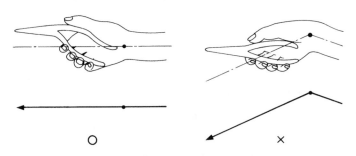

図5-11 曲がった握りのペンチとまっすぐなペンチ
（E. R. Tichauer：The Biomechanical Basis of Ergonomics, John Wiley & Sons, 1978 より）

100％とすると，手首から先を左右あるいは上下に屈曲したときに発揮できる握力は60〜80％に減少する（**図5-10**）.

　そこで逆にいうと道具の柄をもつ場合，**図5-11**に示すように柄が曲がっていれば手首から先はまっすぐになり，最大握力が発揮できる．しかし柄がまっすぐであれば手首のほうが屈曲し，十分な握力は発揮できなくなる．**図5-12**に把手や柄を握ったときに手首が屈曲しないように設計した例を示す.

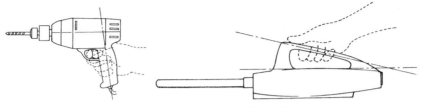

図5-12　把手を曲げた道具の例

Ⅵ　挿入口・取り出し口

　手による操作器として，機械に何かを挿入する"挿入口"，機械から排出されるものを取り出す"取り出し口"がある．自動販売機の硬貨投入口や紙幣挿入口，釣銭取り出し口がそうである．スムーズな挿入，取り出しが求められる．

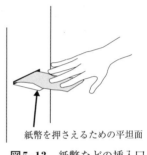

紙幣を押さえるための平坦面

図5-13　紙幣などの挿入口

　硬貨などの剛体の挿入口では，ラッパ状に開いていると楽に挿入できる．紙幣などでは指で押さえて送り込めるようにテーブル（平坦面）をつけ，さらに紙幣が吸い込まれる機構とするとよい（**図5-13**）．

　取り出し口は，取り出し物との間に指先（指の爪先）が入れるよう，取り出し口の底面に凹凸をつけるとよい．また摘まみ上げられるよう，取り出し物がポップアップ（飛び出し）してくるのもよい．

問　題

(1) 手の働き：人間の手の働きを列挙し，整理することによって，人間の手の機能を明らかにせよ．

(2) 積極的方向，消極的方向：多くの機械について，操作器の操作方向が**表5-2**に示した積極的方向，消極的方向の基準に準じているか確認せよ．

(3) 操作感：多くの機械の操作器について操作感の状態を調べてみよ．もしそれらの操作感がないとしたら，どのようなことになるか考えてみよ．

(4) 用具の把手①：鉛筆，ボールペン，水性フェルトペンなどの多数の筆記具について，その径を調べてヒストグラムをつくり，その分布状態を調べよ．

(5) 用具の把手②：片手なべ，きゅうす，包丁，ポット，アイロン，ヘアドライヤー，のこぎり，かなづち，移植ごて，草刈りがま，スコップなどの把手の寸法，断面形状とそれらの使用時の手の状態を調べ，人間工学的に検討せよ．

(6) 手首の屈曲：はさみを前腕に対してまっすぐに握った状態(a)と，前腕に対してはさみが斜め上方に向くように握った状態(b)で厚紙を切ってみよ．どちらが切りやすいか．また，それはなぜか．

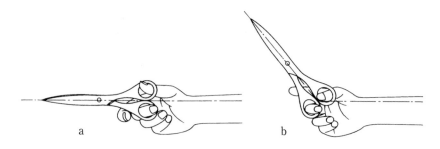

a　　　　　　　　　　　b

(7) 身近な製品や装置の挿入口，取り出し口の状態を調べてみよ．またその
使いやすさはどうか．

6章

マン-マシンインタフェースの配置

　マン-マシンインタフェース（表示器および操作器）は，それをコントロールする人間が楽な姿勢をとったときに"目のとどく範囲"，"手のとどく範囲"になければ，快適で正しいコントロールはできない．とくにマン-マシンインタフェースの位置が固定されてしまう装置，たとえば自動車や化学プラントのコントロール卓などでは慎重な配慮が必要である．本章では，とくに視覚表示器と手による操作器の空間的位置について述べる．

I　マン-マシンインタフェースの空間配置の基本

　マン-マシンインタフェースの空間配置については，次のステップを踏んで検討される．

　①操作時の楽な基本操作姿勢を定める．

　②その操作姿勢における作業域（最大作業域，正規作業域），視野の範囲をそれぞれ求める．

　③上記の範囲内に操作器，表示器の重要性と操作順，確認順を考慮したうえでこれらを配置する．このとき死角（ものの影になり見えなくなる範囲）をつくらないこと，死角のなかに表示器，操作器を配置しないこと．

　楽な基本操作姿勢とは立位，座位ともにややうつ向きになった姿勢である（図6-1）．すなわち頭はやや下に傾き，視線は水平を基準として座位で32〜44°，立位で23〜37°下がっており，またこのとき頭と体幹は座位で17〜29°，立位で8〜22°の角度をなす．

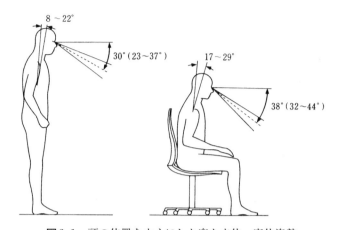

図6-1　頭の位置を中心にした楽な立位・座位姿勢
（E. Grandjean：Fitting the Task to the Man, Taylor & Francis, 1985 より）

II　マン-マシンインタフェースの空間配置の例

1.　コントロール卓（座位型）

　座位で扱われるコントロール卓には，航空機のコックピット，化学プラント
の監視卓，放送局スタジオのコンソールデスクなどがある．こうしたコント
ロール卓では多くの表示器，操作器が並ぶので，マン-マシンインタフェース
の配置をとくに考慮しなくてはならない．**図6-2**にその配置基準を示した．

　常時監視しなければならない表示器は眼の高さより下に配置し，操作器はそ
の表示器の下に，腕を楽に曲げたときの高さに配置する．このとき前腕と上腕
のなす角度が90°以上になり，さらに前腕が持ち上がらないようにすると腕が
疲れない．

　表示器や操作器の数がきわめて多い場合には，コントロールパネルを側方お
よび上方に扇形になるように延長し，ここに使用頻度の低いマン-マシンイン
タフェースを配置する．

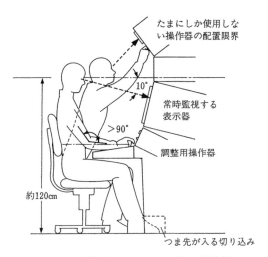

たまにしか使用しない操作器の配置限界

10°

常時監視する表示器

>90°

調整用操作器

約120cm

つま先が入る切り込み

図6-2　座位型コントロール卓の設計例
（W. E. Woodson：Human Factors Design Handbook, McGraw-Hill, 1981 を改変）

2. ビジュアルディスプレイターミナル

　パーソナルコンピュータなどのコンピュータ端末をビジュアルディスプレイターミナル（visual display terminal；VDT）という.

　VDTのマン-マシンインタフェースの配置は，基本的にはコントロール卓（座位型）と同じであるが，VDT作業の形態としていくつかのタイプがある. それぞれ主に注視しているものを最も見やすい位置にもってくる. 椅子を引くなどの身体の自由な動きを可能にすることなどが重要である.

　①コンピュータプログラムの作成のように，文書と画面を交互に見るような視線移動の多いタイプ（対話型）

　②文書入力，伝票入力など，画面をほとんど見ず，文書を主に見ているタイプ（入力型）

　③航空券予約，電話番号案内などのコールセンター業務やプラント状態監視など，画面の表示を主に見ているタイプ（検索・監視型）

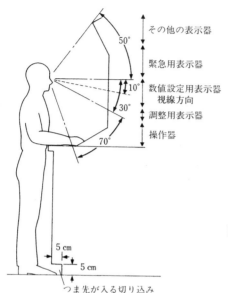

その他の表示器

緊急用表示器

50°

数値設定用表示器
10°
視線方向

30°
調整用表示器

操作器

70°

5 cm

5 cm

つま先が入る切り込み

図6-3 立位型のコントロール卓の設
計例
（W. E. Woodson：Human Factors
Design Handbook, McGraw-Hill,
1981より）

3. コントロール卓（立位型）

立位で扱うコントロール卓についてもその考え方は座位型と同様である．視
線をやや下げた位置に主に監視する表示器を，その下に操作器を配置する．**図
6-3**にマン-マシンインタフェースの配置基準を示す．装置に十分近づけるよ
う，つま先が入る切り込みが重要となる．

4. コントロールパネル（立位型）

大型機械などではコントロール卓の代わりに機械の側面にマン-マシンイン
タフェースを並べることが多い．身近なところではジュースの自動販売機がこ
のタイプである．

配置基準を**図6-4**に示す．腹部の高さより下にマン-マシンインタフェース
を設置すると，監視時，操作時に無理な姿勢を強いられる．とくに大腿の高さ
より下に操作器を配置すると，コントロールパネルに近づいたときに誤って膝
で操作器を押してしまうようなことがあり危険である．

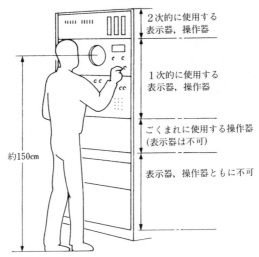

図6-4　立位型のコントロールパネルの設計例
（W. E. Woodson：Human Factors Design Handbook,
McGraw-Hill, 1981 より）

（図中：）
2次的に使用する
表示器，操作器

1次的に使用する
表示器，操作器

ごくまれに使用する操作器
（表示器は不可）

表示器，操作器ともに不可

約150cm

5. キーボード

キーボードのキーも操作器配置の一例である.

人間が机の上に手を楽においたときには**図6-5**に示すように肘を横に張り，手首はまっすぐである．したがってキーの配置もこの姿勢が保て，その状態で指先がキーに楽にとどくものであることが望ましい．**図6-6**にハの字型キー配置と直線型キー配置の例を示したが，直線型では手首が曲がり，負担がかかっていることがうかがわれる.

図6-5　机の上に楽に手をおくようにと
いわれたときの手の状態
中指と前腕とが一直線になる.

図6-6 通常のキーボードと
ハの字型キーボードに
手をおいたときの違い
手首の関節の角度に注意.

III 操作器と表示器のコーディネーション

操作器に対応する表示器を監視しながら操作する場合には，表示器と操作器の対応や並び順が重要となる．これによりスムーズでミスのない操作が可能となる．

1. 位置的対応（図6-7）

複数の表示器と操作器が並んでいる場合，どの表示器がどの操作器と対応するのかが明確でなくてはならない．

また多くのユーザは右利きであるが，このときには表示器と操作器を並べる場合に，腕と視線が交差しないように操作器を右側，表示器を左側に配置する．

2. 方向の対応（図6-8）

操作器の操作方向とメータの指針の変化方向も対応していなくてはならない．

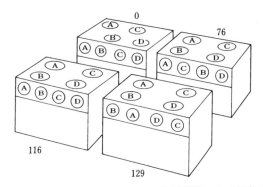

図6-7　コンロのつまみとコンロの位置関係による操作ミス
値は1,200試行当たりの誤り回数.
（E. Grandjean：Fitting the Task to the Man, Taylor & Francis, 1985より）

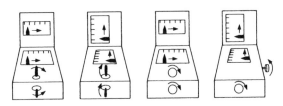

図6-8　操作方向と指針の方向（E. Grandjeanに基づく）
（人間工学教育研究会編：人間工学入門，日刊工業新聞社，1983より）

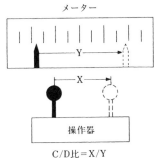

C/D比＝X/Y　　　　**図6-9**　C/D比（コントロール／ディスプレイ比）

3. C/D比 (図6-9)

　操作器の操作量とメータの指針の変化量とが適切でなくてはならない．これをC/D比（コントロール/ディスプレイ比）という．C/D比はメータや操作器の大きさ，必要とされる操作精密度などにより機器ごとに決定する必要がある．

Ⅳ　操作器の操作順序と配置

　一つの機械に複数の操作器が配置される場合には，その操作順序に従って，原則として上から下，左から右の方向に操作器を配置する必要がある．順序については，順次監視する必要のある多数の表示器を1枚のパネルに配置する場合についても同様のことがいえる．

　一連の操作を行うときの手の動作距離も重要である．**図6-10**はポータブル心電計の操作順序に従って操作器を線で結んだものであるが，A機種では線が入り組んで距離も長いが，B機種では線の交差が少なく，動作に規則性がある．したがって操作時間，操作のしやすさともに優れていることがわかる．このような評価方法は逐次連結リンク解析といわれている．

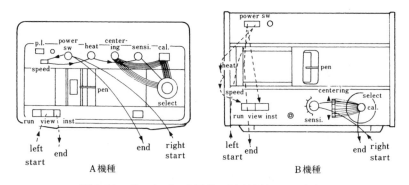

図6-10　ポータブル心電計の逐次連結リンク解析
（山野井昇，他：リンク解析法を用いた心電計パネル
　の最適設計と評価．人間工学17(5)，1981より）

V　表示の確認順序と配置

図6-11　Zの法則

　画面上，視線は"Z"のように動く．これをZの法則という（**図6-11**）．確認すべき事項はこれに沿って並べるとよい．チラシデザインや商品陳列棚の商品配置などで多用されている．

　また視線は，左上→右上と動き，次の段も同様に，結果として"F"のように動く傾向もあり，これをFの法則という（**図6-12**）．確認事項が階層化している場合には，これに沿って配置する．

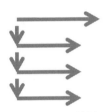

図6-12　Fの法則

問　題

(1) 電気洗濯機，電気冷蔵庫，流し台，洗面化粧台，食器棚などの操作姿勢（使用時の姿勢）と，操作器，表示器の位置関係を実際に測定，評価してみよ.

(2) 自動車について，運転時の姿勢と操作器，表示器の位置関係を実際に測定してみよ.

(3) パーソナルコンピュータでの作業時の姿勢とマン-マシンインタフェース（文書を含む）の位置関係を実際に測定してみよ. またそれらの配置をいろいろと変えてみて，操作のしやすい配置について検討せよ.

(4) 電気掃除機での掃除においてパイプの長さを種々変えて，作業姿勢を調べてみよ. また掃除のやりやすさを考慮せよ.

(5) 操作方向と表示方向の一致：パーソナルコンピュータを用いて画面にマウスで線を描くプログラムをつくり，"マウスを正しく握ったとき"，"右に曲げて握ったとき"，"左に曲げて握ったとき"，"さかさまに握ったとき"の4つの場合について，画面を監視しながら四角形，星形などの図形を描きなさい. どの場合が一番やりやすいか，またやりにくいか.

(6) C/D比：多くの機械についてC/D比を調べ，人間工学的に評価を加えてみよ.

(7) Zの法則，Fの法則：広告のチラシ，自動販売機，商品棚，Webサイトなどについて，Zの法則，Fの法則に基づき評価してみよ.

7章

フィードバックとスピード

　路線バスに乗っていて"降ります"のボタンを押したのに何も反応がなければ，本当に次のバス停で止まってくれるのか不安になってしまう．操作に対しては，それが受けつけられたことがわかる直接的なフィードバックが必要である．

　コンベアライン上を次々流れてくる品物の目視検査，レーダの監視のように，人間に対して機械から情報が次々と与えられるような機械規制型マン-マシンシステムがある．このようなシステムにおいては，情報提示スピードが速い，すなわちきわめて短い間隔で次々と情報が与えられたのでは，人間はこれについていくことができない．逆にあまりに散発的に発生するのでは間延びしてしまい，イライラしたり，眠くなってしまう．すなわち人間の単位時間当たりの情報処理能力に見合った量の情報を与えるようにしなくてはならない．

　また自動販売機にお金を入れてから品物が出てくるまでのフィードバックの時間（応答時間）が長い場合，不審に思うことがある．逆に短すぎるとびっくりしてしまう．これは，操作器→メカニズム→表示器までのスピードの問題である．

　これらの問題は，人間の動作や情報処理速度と機械のペースとの不整合性から生じる．本章ではフィードバックやこれらスピードに関して概観する．

I　人間の情報処理時間

1.　情報負荷と負担の関係

　人間に対して外界から加わる刺激を負荷という．たとえば重量物を保持する

場合には重量物が負荷であり，情報
処理作業では単位時間当たりに提示
される情報が負荷である．負荷を受
けると人間は"つらい"，"きつい"
という言葉に象徴されるように負担
を受ける．

　単位時間当たりに提示される情報
の量を負荷とする場合，これと負担
とのあいだには**図7-1**に示されるよ
うな関係がある．すなわち負荷が大
きければ負担も大きいが，逆に負荷
が小さすぎても負担は大きい．たと

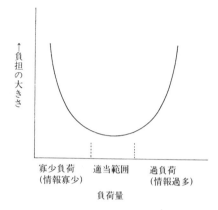

図7-1　負荷と負担との関係の概念図
（**表7-2**参照）

えば高速道路の走行中には刺激が少なすぎて眠くなってしまうが（高速催眠現
象），これは負荷が小さすぎる状況にあたる．逆に，非常時におけるパニック
状態は負荷が大きすぎる状況である．

　結局われわれが知りたいのは，人間にとって負担が適当な大きさとなる負荷
の量ということになる．そのためには人間の単位時間当たりの情報処理能力は
どのくらいか，また人間の覚醒水準は負荷によってどのように左右されるかと
いうことを知る必要がある．

2.　人間の反応時間の構成

　3章でも述べたように，人間は外界からの刺激を受容器を通して受け取り，
中枢で処理（判断）し，手や足などの効果器を動かして応答する（**図7-2**）．
このプロセスをさらに細かく分類すると**図7-3**のようになる．

　各ステップにおいては，1回の処理に必要な時間がかかる．人間の反応時間
をこの第1ステップから第5ステップまでに要した時間とすると，反応時間は
各ステップに要した時間の総計T_Sとして予測される．

$$T_S = T_E + T_P + T_C + T_M + T_H$$

　予測に用いる値として，Cardらは**表7-1**の例を示している．また動作時間
については，MODAPTS法をはじめとするPTS法を用いることもできる．

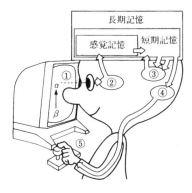

図7-2　人間情報処理モデルの処理過程
　　　　①眼球運動，②感覚プロセス，③認知プ
　　　　ロセス，④運動プロセス，⑤応答
　　　　（S. K. Card, et al.：The Psychology of Human—
　　　　Computer Interaction, Lawrence Erlbaum
　　　　Associates, 1983を改変）.

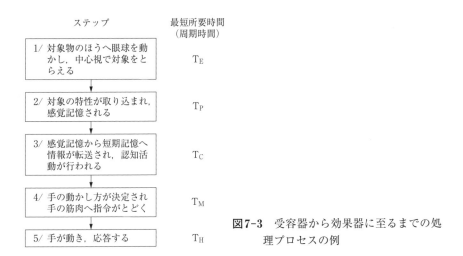

ステップ	最短所要時間 （周期時間）
1/ 対象物のほうへ眼球を動かし，中心視で対象をとらえる	T_E
2/ 対象の特性が取り込まれ，感覚記憶される	T_P
3/ 感覚記憶から短期記憶へ情報が転送され，認知活動が行われる	T_C
4/ 手の動かし方が決定され手の筋肉へ指令がとどく	T_M
5/ 手が動き，応答する	T_H

図7-3　受容器から効果器に至るまでの処
　　　　理プロセスの例

　このような考え方をkey-stroke level modelという．この考え方を用いることで，ある装置を操作するときのおおよその操作時間を予測することが可能になる．複数の設計案の優劣比較などに用いられている．

表7-1 基本時間の例（Cardらに基づく）

(1回，1項目当たり msec)

眼球運動	対象への急速眼球運動と停留・焦点合わせ		200（70〜700）
感覚プロセス	閾値以上の適当な刺激量の刺激への感覚記憶		100（50〜200）
認知プロセス	照合時間	数　字	33（27〜39）
		色	38
		文　字	40（24〜65）
		単　語	47（36〜52）
		幾何学図形	50
		無意味音節	73（27〜93）
	4個以下の図形の計数時間	ドットパターン	46
		3D図形	94（40〜172）
	知覚判断時間		92
	選択反応時間		92
	計数時間		167
運動プロセス			70（30〜100）
動　作	Fittsの法則により求める		

II 機械から次々と情報が提示される場合の問題

1. 過負荷（情報過多の場合の人間の反応）

　人間の基本的な情報処理時間を上まわる時間間隔で情報が与えられた場合，人間はおおむね次の3つの反応パターンを示す．

1）エラーの増加

　一つひとつの情報を慎重に処理することなく，いい加減に処理する．すなわち認知プロセスにおける所定のステップを踏まずに判断を下す．そのためにエラーが増加する．

2）情報の選択

　一つの情報処理中に次の情報が到着した場合，その情報は無視され，処理さ

表7-2　意識レベルの段階（意識レベルの個人内変動）

フェーズ	意識のモード	注意の作用	生理的状態	信頼性
0	無意識，失神	ゼロ	睡眠，脳発作	ゼロ
I	subnormal, 意識ボケ	inactive	疲労，単調，居眠り，酒に酔う	0.9以下
II	normal, relaxed	passive，心の内方に向かう	安静起居・休息時，定例作業時	0.99～0.99999
III	normal, clear	active, 前向き，注意野も広い	積極活動時	0.999999以上
IV	hypernormal, excited	1点に凝集，判断停止	緊急防衛反応，慌て→パニック	0.9以下

（橋本邦衛：安全人間工学，中央労働災害防止協会，1984より）

れない．すなわち見逃しが発生する．

3）列をつくる

　一つの情報処理中に次の情報が到着した場合，その情報は初めの情報が処理されるまで待たされる．ただし次の情報が表示器上に時間的に保存されている場合に限られる．

　ところでこうした反応パターンは，人間が情報過多であっても冷静な状態を保っている場合の話である．はなはだしい情報過多の場合，人間はどうしてよいかわからずパニックになるという．人間の意識水準は**表7-2**に示すようにフェーズ0からIVまで分かれるといわれているが，パニックはフェーズIVの状態であり，意識が1点に凝集してしまい，周囲が見えなくなってしまう．化学プラントのコントロールパネルにおいて，緊急時に一斉に警報ランプが点滅すると，未熟なオペレータはあわてふためき，できるはずのなんでもない操作ができなくなってしまうという．緊急時にはきわめて重要な警報以外は，あえて提示するなといわれているのはこのためである．

2．寡少負荷（情報寡少の場合の人間の反応）

　人間に対して与えられる情報があまりに散発的な場合，すなわち寡少負荷の

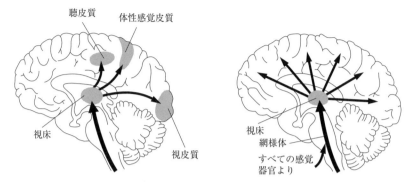

図7-4 大脳皮質への特異的投射路（左）および非特異的（網様体）経路（右）
（S. Sibernagl, A. Despoponluos 著，福原武彦，他訳：生理学アトラス，文光堂，1982より）

場合には，前述した高速催眠現象に示されるように，目覚めの水準（覚醒水準）が低下し，**表7-2**に示したフェーズⅡやⅠ，さらには0の状態になってしまう．

　人間の情報処理を生理学的に見ると，受容器からの情報は感覚神経を通って受容器に対応した大脳皮質の特定の領域に導かれる．これを大脳皮質への特異的投射路という（**図7-4，左**）．ところが，すべての受容器からの情報は網様体と呼ばれる部分にも導かれる．網様体では情報を意味のない単なる刺激に変換し，視床を経て大脳皮質全体にばらまく働きをしている（**図7-4，右**）．人間の覚醒水準はこのばらまかれた刺激の量によって決まる．それゆえ情報があまりに散発的な寡少負荷の場合においては，網様体を経て大脳皮質全体にばらまかれる刺激が少なく，覚醒水準が低下する．

Ⅲ　機械の応答時間

　応答時間（response time）とは，自動販売機にお金を入れてから品物が出てくるまでの時間，電話の受話器を取り上げてから発信音が聞こえるまでの時間，銀行の自動支払機でキャッシュカードの暗証番号を入力してからお金が出てくるまでの時間など，機械を操作してから，それに対する応答（フィードバック）が得られるまでの時間のことである．これが長いとユーザは次のよう

表7-3 許容される計算機応答時間

ユーザ行動	許容最大応答時間（sec）
動作の確認	0.1
システム開始	3
サービス要求（課題の実行）	
単純なもの	2
複雑なもの	5
ロード，再起動を要するもの	15〜60
エラーの通知	2〜4
データベースの検索への応答	
一覧表からの簡単なもの	2
複雑な索引	2〜4
単純な状況問い合わせ	2
次ページの表示	0.5〜1
問題解決活動への応答	15
ライトペンによる入力	1
ライトペンによる描線	0.1

(R. B. Miller：Response time in man—Computer conversational transactions. Proc. of Fall Joint Computer Conference, 1968 より)

な反応を示す.

①その機械の応答時間が長いことを知らなかったユーザは，機械が故障しているのではないかと不審，不安に思い，再操作をしてしまう.

②その機械の応答時間が長いことを以前から知っていたユーザは，イライラ感，不快感をもつ.

Millerはコンピュータ端末について各種の耐えうる最大応答時間を調査し，許容値として**表7-3**の値を示している.

一方，応答時間が短すぎるのも問題で，短すぎるとびっくりしたり，機械にあおられるような気持ちになったりする.

応答時間が短縮できない機械においては，不審感，不安感，不快感を軽減するため，入力が受けつけられ，そして機械が正常に作動し，入力処理をしていることを表示するとよい. たとえば機械内部の処理の各段階において，機械音をわざと生じさせる，処理に要する残り時間を表示する，順次ランプを点灯さ

図7-5 大型レギュラーコーヒー自動販売機
（富士電機）
お金を入れて好みのコーヒー選択ボタンを押す
と，1杯ずつ豆をひいて抽出，販売する．豆をひ
く音が聞こえ，また抽出までの過程を視覚表示
するので，ユーザは待たされても不審，不安に
なることはない．

表7-4 自動ドアの開閉速度の例（全国自動ドア協会）

	オフィスビルなど	病院・公共施設など*
開き速度	500 mm/秒以下	400 mm/秒以下
閉じ速度	350 mm/秒以下	250 mm/秒以下

＊障害者，高齢者，子ども連れなどが多く利用する場所の例．

せる，プログレスバー（処理の進捗割合を示す表示）を提示するなどが考えら
れる（**図7-5**）．

IV 作動速度

　自動ドアやエスカレータなどの自動機では，作動速度が遅いとイライラし，
無理な行動を誘発することもある．一方，速過ぎると挟まれや転倒などの事故
を招き，恐怖感を与える．人間の動作速度や心理に合わせて設定する必要があ
る．なお高齢者や子どもなどは動作が遅いので，安全上，遅い速度とすべき
で，心理的にも好まれる．
　表7-4に自動ドアの開閉速度の例を示す．

　エスカレータの速度は通常30m/分であるが，ビジネス街の大深度地下鉄駅では移動の効率化のために40m/分とする例がある．これによりイライラ感も抑止される．一方，病院や高齢者施設，ショッピング街などではエスカレータへの乗降時の安全を考え，15〜25m/分とする例もある．

問　題

(1) 選択反応時間：パーソナルコンピュータを用いて色，図形などを画面上に次々に表示し，被験者が対応したキーを押して応答するプログラムをつくり，選択肢の種類や数をいろいろと変えて，選択反応時間を調べよ．反応時間の構成モデルをつくり，実験結果を当てはめて検討せよ．また**図3-5**と比較してみよ．

(2) 情報過多時の反応：(1)において刺激の提示間隔を短くしていくと，どのような状況となるか．パフォーマンス（作業量，エラー，見逃しなど），行動観察，生体反応（心拍数，呼吸数など）を測定し，検討せよ．

(3) 情報寡少時の反応：高速道路走行時には，ラジオを聴いたり，話をしたり，ガムをかんだりするとよいといわれているが，それはなぜか．生理学的に説明せよ．

(4) **表7-2**に示した意識レベルの状態を，自分の日常行動に当てはめて検討せよ．

(5) 応答時間：パーソナルコンピュータにより計算機応答時間を変化させるプログラムをつくり（たとえばテンキーで数値を入力してから，その値を2倍，3倍などして画面に表示するプログラム），応答時間の長短と心理的不快感との関係を調べよ．

8章

操作手順と駆動方式

ビデオや携帯電話機などの情報家電製品，銀行のATM，鉄道の指定券自動券売機，ECサイトをはじめとするWebサイトなどでは，使い方，すなわち使用手順や使用方法のわかりやすさが設計課題となる．このようなことは日常，われわれが手にする菓子のパッケージの開封手順などにも共通したことである．

これら手順，方法の使いやすさというソフトウエア的な側面は，人間の判断，記憶などの認知能力や特性が深く関係する．本章では事例として，とくにこの問題の基本である対話型システムの駆動方式（graphical user interface；GUI）を通じて，この問題を検討する．

I 使いやすさとユーザの種類

ソフトウエアについての使いやすさは，次の4項目にまとめられる．

①効率のよい操作が可能．操作手順が短い．

②使い方がわかりやすい．すぐに理解できる．

③使い方をすぐに覚えられる．覚えることが少ない．

④覚えたことを忘れにくい．次回使うときにすぐ思い出せる．

ところで，これら使いやすさへの要求や具体的要求は，ユーザの熟練度により異なってくる．

1）初心者（ノビス）

その機器に初めて触れる人，使い方に関する知識がない人．スピーディな操作よりも，わかりやすさが重要である．初心者のうち使い方を覚えようとする意欲のあるユーザ（アクティブユーザ）は，多少わかりにくくても何とか克服

するが，しかたなくいやいや使うユーザ（パッシブユーザ）は，ちょっとした
わかりにくさで使う気をなくしてしまう．

2) 並級者

　その機器を何回か繰り返し使い，ある程度使用方法がわかってきているユー
ザ．前回覚えたことを今回もそこそこ覚えている段階．いろいろな機能を試そ
うとするが，使い方の理解が不完全であり，そのため誤使用を起こすことが多
い．しかし，失敗を繰り返すことにより熟練化していく．

3) 熟練者（プロ）

　その機器の使い方をマスターし，使い方をいちいち確認したり，思い出さな
くても使えるようになったユーザ．スピーディな操作を望んでいる．

表8-1　GUIにおいての使いやすさの設計原則とその応用例

わかりやすい（よいインタフェース）	わかりにくい（よくないインタフェース）
具体的に表現されている 　（二者択一メニュー） 　1　取り消す 　2　実行する	抽象的に表現されている 　取り消しますか？ 　「Y/N」
視覚的に表現されている 　（キーの組み合わせ表示） 　1 （同時）2 　└─リセット─┘	文字列として表現されている 　1と2のキーを同時に押す 　とリセットされます
複製する・編集する 　以前の手紙を呼び出して宛先と日付 　だけを変える	創造する・プログラミングする 　新たに手紙を考え出す
選択する・識別する 　メニュー選択方式	言葉を埋める・想起する 　コマンド駆動方式
対話型処理 　あるまとまりのデータを入力するご 　とに，データが受けつけられたこと 　が表示され，ユーザは確認しつつ操 　作できる	一括処理 　すべてのデータを入力し終わるまで， 　データが受けつけられたか表示され 　ない

（参考：D. C. Smith：Designing the star user interface. Byte7(4)，1982)

4）マニア

　その機器の使い方をマスターし，さらに他人にできない使い方を楽しんでいるユーザ．この場合には使いやすさというより，機器操作上の趣味的な面白さが要求される．

II　使いやすさに関する設計の原則

　GUIの使いやすさの設計原則や，設計原則を製品要素との対応においてブレイクダウンした設計ガイドラインが提案されている．例としてWYSIWYG（ウィジウィグ；What you see is what you get）の原則が有名である．これは "コンピュータ画面上に示されたとおりにプリントアウトされること"，"入力画面と出力画面が一致すること" という意味である．

　さらに**表8-1，2**に設計原則の例を示す．操作中の短期記憶や操作にかかわる判断を避けることが主な狙いとされている．

　なお，**表8-2**に示されているスクリプト（script）とは，定型的な手続きに関する知識のことで，たとえば "セルフサービスのショップでは，商品を買い物カゴに入れてレジで精算する" といったことである．このスクリプトに従ってインターネットのショッピングサイトをデザインすれば，ユーザは自然に操作をすることができる．

　またスキーマ（schema）とは，ものやことなどの事象についての概念であり，たとえば "小学校" というと子どもが校庭で駆けまわり教室では授業を受けている，"図書館" というと本が棚に並び人々が静かに本を読んでいるといった，"〜らしさ" ということである．

　メンタルモデルとは，機器の作動メカニズムなど，外界の事象についてのユーザの理解のことである．実際のメカニズムとメンタルモデルとが食い違うと，ユーザの困惑を招くこととなる．

III　対話型システムのシステム駆動方式

　システムにユーザが希望する処理内容を伝えたい場合の操作方式，すなわち

表8-2 認知的使いやすさの設計原則とガイドライン例

原　則	ガイドライン
明瞭性	ユーザに提供される情報は，その存在に気づかれ，意味が明瞭に理解されること ●すべての表示はユーザの視力で識別可能であること ●複数のモードのある機器では，現在モードが明らかであること ●アイコンやメニューは，それを選ぶとどうなるのかが直感的に理解できること ●ユーザが次に操作すべきことが明確に示されていること
一貫性	システム内の駆動方式は一貫していること ●画面のレイアウトは一貫していること ●操作方法は一貫していること ●重大な結果を招くおそれがある操作場面では，一貫性を崩すことで誤操作を避けること
合致性	ユーザの経験や考え方に合致した操作方法とすること ●ユーザのもつスクリプトやスキーマ，メンタルモデルに沿った操作方法，システムイメージとすること
寛容性	どのようなユーザの操作も柔軟に受け入れること ●いろいろな操作順でも，目的が達成できるようにすること ●ユーザの習熟度や利用目的に応じた多様な操作方法を提供すること
記憶性	システム操作中の短期記憶を避けること，操作方法は記憶しやすいこと ●ウインドウ方式として，他の画面を参照しながら操作ができるようにすること ●コマンドは覚えやすいネーミングとすること
脱出性	使い方がわからなくなったときには，ユーザが希望する状態にすぐに戻れること ●リセット機能が搭載されていること ●一段前の段階に戻れるようUn Do（取り消し）ができること

システム駆動方式としては次の5種類が代表的なものである（図8-1）.

1）コマンド（言語）方式

処理内容を表すコマンドを一定の文法に従ってキーボードから入力し，駆動する方式.コマンドと文法を覚えておく必要がある.したがって初心者には好まれない.しかしコマンドを覚えてしまうとスピーディな操作が可能となる.

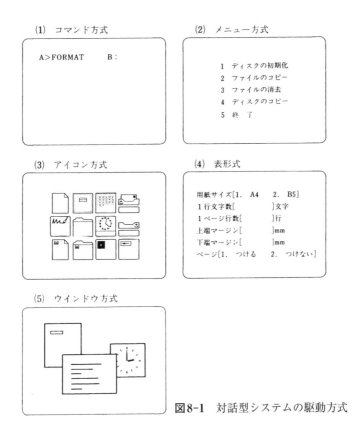

(1) コマンド方式

```
A>FORMAT    B:
```

(2) メニュー方式

```
1  ディスクの初期化
2  ファイルのコピー
3  ファイルの消去
4  ディスクのコピー
5  終　了
```

(3) アイコン方式

(4) 表形式

```
用紙サイズ[1.  A4    2.  B5]
1行文字数[          ]文字
1ページ行数[        ]行
上端マージン[       ]mm
下端マージン[       ]mm
ページ[1.  つける    2.  つけない]
```

(5) ウインドウ方式

図8-1　対話型システムの駆動方式

すなわちプロ，マニアユーザ向けである．

2) メニュー方式

　処理内容をあらかじめ食堂のメニューのようにディスプレイ上に書き並べ，そのなかから希望の処理内容を選択する方式．メニューのなかから目的の項目を選択すればよいので，初心者にも使いやすいが，欠点としてメニューをいちいち展開しなくてはならないので，駆動するのに時間がかかる．よってメニューの項目並びや上位メニューのネーミング，階層の深さの設計が課題となる．

3) アイコン (ICON) 方式

　メニュー方式の一種であるが，処理内容をアイコン（図記号）で示してお

く．ユーザは多数のアイコンのなかから目的の内容を含むアイコンを選択すればよい．初心者にも直感的でわかりやすいが，アイコンが正しく意味を連想させないと，かえって混乱をきたす．

4) 表形式

伝票や表などの2次元表をそのまま表示し，入力欄に数値を入力したり，二者択一メニューを操作する方法．入力項目や処理事項が定型的な場合に用いられる．具体的にユーザがやるべき事項が並ぶので使いやすい．

5) ウインドウ方式

何枚もの書類を机上に重ねて広げる実際のペーパーワークをまねた方式．画面上を一部分ずつ重なり合った複数のウインドウによって区切り，書類を重ね

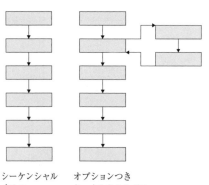
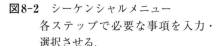

シーケンシャル　　オプションつき
メニュー　　　　　シーケンシャルメニュー

図8-2　シーケンシャルメニュー
　　　　各ステップで必要な事項を入力・
　　　　選択させる．

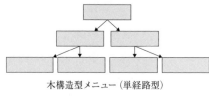

木構造型メニュー（単経路型）

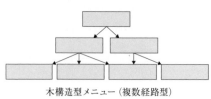

木構造型メニュー（複数経路型）

図8-3　木構造型メニュー
　　　　多数の項目をグループにまとめて
　　　　提示する．

食料飲料　＞　麺類　＞　うどん　＞　讃岐うどん

図8-4　ECサイトでの"パンくずリスト"の例

た雰囲気を画面上に表し，切り貼りや編集作業の感覚で駆動できる．

IV　メニュー構造

　一定手順での操作が必要な機器では，シーケンシャルメニューが用いられる（図8-2）．また多数の項目を管理する場合には，木構造型メニューが用いられる（図8-3）．

　木構造型メニューでは，用いるディスプレイのサイズが小さいときには，一画面に提示できるメニュー項目数は少なくせざるをえないので，階層は深くなりがちである．しかし階層が深くなると，構造内での自分の位置を見失ってしまうことがある．これを避けるためには，階層での現在位置を提示するとよい．これを"パンくずリスト"という（図8-4）．

問 題

(1) ソフトウエアの使いやすさ：アプリケーションソフト，携帯電話，いろいろなWebサイトなどのメニュー構造やメニュー名，アイコンの使われ方を調べよ．またそれらの使いやすさを評価せよ．

(2) 使いやすさの設計原則：本書に示した以外のGUIの使いやすさの設計原則を，自分の経験を踏まえて，自分なりに考えて提案せよ．また文献調査し，その意味を検討せよ．

(3) わかりやすさ①：地下街の案内表示や誘導表示，身のまわりの家電製品の使い方説明書，取扱い説明書などのわかりやすさを評価せよ．

(4) わかりやすさ②：菓子の箱などの開封，ある手順で使用しなくてはならない事務器や文具，工具，日用品などの使い方のわかりやすさを評価せよ．

(5) 音声入力：対話型システムの駆動方法として，音声入力の利点と問題点，限界を考察せよ．

9章

漏洩物

　工作機械，医療用機器，建設機械などのなかには，人体に有害な光線や音波，振動，放射線などを漏洩，発射するものがある．このとき十分な遮蔽がなされていないと，オペレータも被曝することになる．

　こうした漏洩物のなかには，放射線や電磁波のように人間が知覚できないものも多く，それだけに設計段階において十分なチェックをしておかないと，知らず知らずのうちにユーザに重大な健康障害を引き起こす場合がある．

　考えられる漏洩物，発射物の種類は多岐にわたるが，本章ではそのいくつかについて要点を示す．

I　電　流

　機械から漏れ出した電流が，皮膚から体内に流れた場合の人間の反応を**表9-1**に示す．電流に対する生体の反応としては，不快感や気絶，火傷，心臓

表9-1　人体皮膚から電流が流れた場合の生体の反応と影響（60 Hz）

電流値（1秒通電）	反応および影響
1 mA	感知しうる限界
5 mA	我慢できる最大電流
10～20 mA	持続した筋肉収縮（let go current）
50 mA	痛み，気絶，激しい疲労，体組織の損傷のおそれ，心臓・呼吸系統の興奮
100 mA～3 A	心室細動の発生
6 A 以上	心筋の持続した収縮，一時的呼吸麻痺，大電流による火傷

（桜井靖久，他編：MEの知識と機器の安全，南江堂，1983より）

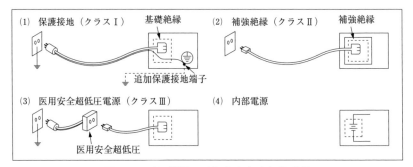

図9-1 医用機器の電気的安全追加保護策
（桜井靖久，他編：MEの知識と機器の安全，南江堂，1983より）

の異常拍動（心室細動）や停止などがあり，またびっくりして機械を突き飛ばしたり，手を引っ込めたり，後ずさりした拍子にケガをするなど，二次災害が発生することもある．

　漏れ電流の対策としては，電流の通っている部分を完全に絶縁する基礎絶縁，およびこれが破れたとしても，直ちに使用者に電流が流れ出ないよう追加保護を講ずる．このような二重の安全対策はフェイルセーフの一種である．**図9-1**に医用機器に対する追加保護策を示す．

Ⅱ　静電気

　撹拌機や回転式印刷機，粉体ポンプなどの回転機構・流体搬送機構のある機器は高圧静電気がたまりやすい．静電気は人体に対して電撃として瞬間的に作用する．人体が直接的に損傷を受けることはほとんどないが，びっくりして転倒するなどの二次災害が発生しがちである．またガス爆発や粉塵爆発の爆源となる．内部で高電圧を発生している機器では，機器および使用（接触）しているユーザに低圧静電気が発生し，ホコリを吸引しやすくなる．そのために機器が汚れたり，使用しているユーザに皮膚炎が起こりやすいという報告もある．静電気はアースをとることで消失する．

　また高圧充電部の周辺では静電誘導障害が生じることがあり，電撃や感電の危険がある．高圧充電部との間に十分距離をとる必要がある．

表9-2 電磁波の種類

周期（Hz）	種　類	例
～3	超低周波 ⎱	地磁気の変動
3～3k	超 長 波 ⎰低周波	送電線や電気機器からの漏れ電磁波
3k～300k	長　波 ⎰	船舶・航空機航行用電波信号
300k～1G	中波，短波，超短波	ラジオ・テレビ放送，各種の無線
1G～30G	マイクロ波	電子レンジ，マイクロウェーブ通信
30G～3,000G	ミリ波，サブミリ波	衛星通信，レーダー
3,000G～10T	光線	赤外線，可視光線，紫外線
10T～		X線，γ線，粒子線

Ⅲ　電磁波

　電磁波は**表9-2**に示すように，波長（周期）により電波，光線などに分かれる．波長の長い電磁波ほど磁場・電場の性質が強く現れてくる．長期間，あるいは短時間でも強力な電磁波にさらされると，人体はさまざまな影響を受ける．

1. 低周波電磁波

　おおむね10kHz以下の電磁波を低周波電磁波といい，送電線や変圧器，電化製品，自動車などからも漏れ出している．数十Hz程度の低周波電磁波に長期間さらされると，人間の細胞分裂や細胞活動が影響を受け，がんや胎児への影響，精神作用の発生率が高くなるという報告がある．

2. マイクロ波

　マイクロ波は電子レンジやレーダー，マイクロウエーブ送信などで用いられている．マイクロ波が直接人体に照射されると身体内部から温度が上昇し，体組織に損傷，障害を与える．とくに眼が影響を受けやすい．またマイクロ波を含む高周波電磁波は電子機器を誤作動させることがあり，これを電磁波ノイズ，電子スモッグという．たとえば以下のような事故例が報告されている．

①無線機が電子式電話交換器や航空機の航法装置を狂わせた.

②機器が起動した際に発生した電磁波により, 心臓ペースメーカが誤作動した.

③落雷の際に発生した電磁波により, 産業用ロボットが暴走した.

電子機器の電磁波ノイズ漏洩対策に加えて, 万一誤作動すると重大な事故を引き起こす電子機器を設計する際には, 電磁波ノイズの防御対策をあらかじめ講じておかなくてはならない.

3. 光　線

皮膚, 眼は, 光線による影響を受けやすい. **表9-3**に各波長が生体に与える影響を示す. CRTディスプレイを長時間見続ける作業, 強い光にかざしての空ビンの目視検査, 溶接作業など, 明るい光を長時間にわたって見たり, 光に皮膚をさらす場合には, 機器の改良, 光の遮蔽, 作業時間の短縮などの人間工学的対策が必要である. またレーザー光線は重篤な角膜炎, 網膜の損傷, 皮膚の火傷を起こす危険が高いので, 反射光を含め, 人体に照射されないように十分配慮しなくてはならない.

光量は適度であっても激しい光の明滅は光過敏性発作を与えることもある.

表9-3　各波長の過度の光が生体に及ぼす影響

波長領域	波　長	眼	皮　膚
紫外C	$200 \sim 280\,nm$	眼炎	紅疹(日焼け) 皮膚老化の促進
紫外B	$280 \sim 315\,nm$		色素の増加
紫外A	$315 \sim 400\,nm$	光化学による白内障	色素の黒化
可視	$400 \sim 780\,nm$	光化学, 熱による網膜損傷	火傷
赤外A	$780 \sim 1,400\,nm$	白内障, 網膜火傷	火傷
赤外B	$1.4 \sim 3.0\,\mu m$	房水フレア, 白内障, 角膜火傷	
赤外C	$3.0 \sim 1,000\,\mu m$	角膜火傷	

(桜井靖久, 他編：MEの知識と機器の安全, 南江堂, 1983より)

Ⅳ　磁　界

　数ミリから1ガウス以上の磁界にさらさ
れると，人間の細胞活動が影響を受けると
いう．そこで肩こりなどの治療に用いられ
ることがある．一方で，長期間曝露により
胎児への影響や生理活性機能の低下，精神
作用の報告もある．とくに交流磁界（磁力
が短い周期で変化する，あるいは磁極の
NSが短い周期で切り替わる場合）では，
周期が高くなるにつれて，これらの影響が強く現れるという．

表9-4　電離放射線の種類

電　磁　波 放　射　線	X線 γ線
粒子放射線	電 子 線 陽 子 線 重陽子線 α粒子線 中性子線 中間子線 重粒子線

（桜井靖久，他編：MEの知識と機
器の安全，南江堂，1983より）

Ⅴ　電離放射線

　電離放射線の種類としては**表9-4**に示すものがあり，医療用機器（X線撮像
や悪性腫瘍の放射線治療器），工業用機器（溶接の比破壊検査器），農産物の殺
菌や芽止め処理装置などに用いられている．電離放射線の人体に対する影響と
しては，皮膚の脱毛・紅斑・水疱・潰瘍の発生，造血機能をはじめとする生理
活性機能の低下，染色体・生殖能力異常が発生する．2シーベルト以上の放射
線被曝では死亡する危険があるという．これら電離放射線を使用する機器にお
いては，遮蔽を完全にすることはもとより，人間が立ち入っている場合には線
源が開放しないような安全対策を考えなくてはならない．また人間が立ち入ら
ざるをえない場合には，線源からの距離を十分にとること，時間を制限するこ
と，防御服を着用することなどの配慮を怠ってはならない．

Ⅵ　熱

　高温の蒸気にさらされたり，発熱体に直接触れることにより火傷する．また
高温物体に近寄ると輻射熱によって火傷することもある．一方，体温より若干

高い程度の温度（40〜45℃程度）であっても，長時間にわたって身体の同一部位が熱せられると低温火傷となる．電気アンカや電気毛布などでは低温火傷の危険がある．

Ⅶ 化 学

皮膚が長時間，直接，接する部分に化学物質が含まれていると，刺激性接触皮膚炎やアレルギー性接触皮膚炎が起こることがある．いわゆる "かぶれる" ということで，例えばゴム手袋などのゴム製品や樹脂製品に含まれる可塑剤，アクセサリーなどの金属により生じた例がある．

Ⅷ 音

通常の可聴範囲の音によって生体が受ける影響としては，不快感，自律神経系・内分泌系などの器官の機能異常，難聴などがある．

一般に16 kHz以上の音波は超音波と呼ばれ，これは人間の可聴範囲を超えるものではあるが，耳鳴り，頭痛，嘔吐感，疲労などの影響を与える．一方，0.1〜20 Hzの音波も人間の可聴範囲を超えており，これは低周波音と呼ばれる．低周波音は航空機，船舶，自動車，工作機械などのエンジンやコンプレッサーなどから発生し，不快感，めまいや嘔吐感，耳痛，眠気などを催させる．

Ⅸ 振 動

削岩機，ハンドドリルなどの振動工具を使用したり，オートバイの乗車などにより，手指が局所振動を受ける．こうした局所振動が長期にわたると，血行障害から俗にいう白ろう病（指が白くなり，しびれて力が入らなくなり，やがて組織が損傷する）が発生する．また激しく振動する自動車などの乗車により全身振動を受けると，内臓の血行が阻害され，臓器障害が起こる場合があるという．

問　題

(1) 新聞記事などにおいて，日用品，機械，装置などからの漏洩物が健康障害を引き起こした事例を調査し，人間工学的に検討せよ．

(2) 電離放射線の被曝限度量を調べてみよ．

(3) 紫外線，レーザー光の防御具について調べてみよ．

10章

物理的環境

　物理的環境とは，温度，湿度，照明，騒音，気流などのことをいう.

　機械がいかに人間工学的に優れた設計がなされていたとしても，設置される物理的環境が適当でなければ，マン-マシンシステムとしては順調に機能しない. たとえばパソコンのディスプレイにグレア（反射光）が映り込んでいたのでは，読み取りはきわめて困難である. 視覚表示器に対しては光，聴覚表示器に対しては音というように，主に表示器の情報提示形態と同じ環境要因が情報の受け取りを妨害する（なお表示器の情報提示形態と異なる環境要因による妨害もある. たとえば表示器が振動すると表示は読み取れない）. 操作器についても同じで，たとえば激しく振動している機器では，操作ノブを精密にコントロールすることは困難となってしまうだろう.

　さらに，システムのオペレータが酷暑環境にさらされるとしたら，システムを慎重，的確にコントロールしようという気持ち，能力を失ってしまうであろう.

　このように，環境がマン-マシンシステムに与える影響として次の2形態が考えられる.

　①表示器からの情報の受け取り，操作器の精密な操作を妨害する.

　②システムのオペレータに対して，マシンを正しく制御する気持ちを失わせるような不快感を与えたり，能力の低下をもたらす.

　本章では物理的環境のうち重要なものについて，その要点を述べる.

I 情報の受け取りを妨害する環境

1. 視覚表示器に対する妨害

視覚表示器への光の妨害には次の2形態がある.

1) 発光型表示器への直射光（直接グレア）

表示灯やパソコンのディスプレイ，信号機のように，それ自体が発光するタイプの表示器は，強い直射光を受けると周囲との輝度差が小さくなり，点灯状態や表示内容がわからなくなる.

2) グレア（間接グレア）

メータやパソコンのディスプレイなどのように，表示器表面がガラスなどの場合には，照明や外光などの光を受けているものが表示器表面に反射して，読み取りが著しく妨害される. このように表示器に映り込む反射をグレア（間接グレア）という.

これらの直接・間接グレアに対する対策としては以下のものが考えられる.
①妨害光の光源や光を反射しているものをルーバー，カーテンなどで覆う（図10-1）.
②光源，表示器の向きを変える.
③表示器にフードをつける.
直接グレアについてはさらに以下のような対策がある.
④より明るく発光させる.
⑤妨害光と対比効果の大きい色で発光させる.
間接グレアに対してはさらに以下がある.
⑥表示器にノングレアガラス（無反射ガラス），フィルタなどをつける.

2. 聴覚表示器に対する妨害

聴覚表示については信号音および会話の場合の妨害の状態を示す.

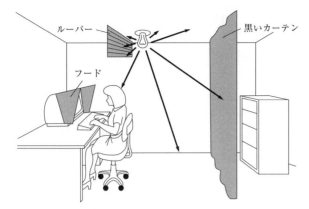

図10-1　フードとルーバー
画面に向かい合っているものは黒いカーテン
を使わないと反射して，グレアとなって映る．

1)　信号音に対する妨害

　純音を妨害音とする場合，その隠蔽効果は純音の周波数および強さによって異なる．すなわち信号音に近い周波数ほど隠蔽効果は大きく，また信号音より低い周波数のほうが，高いものより効果が大きい．同一周波数であれば弱い音より強い音のほうが，より広範囲な周波数の信号音を隠蔽する．

　一例として，1,000 Hzの信号音を200 Hz，3,500 Hzの妨害音で隠蔽する場合について，**図10-2**にまとめて示す．

　広帯域雑音を妨害音とする場合，隠蔽効果はその雑音の周波数帯域全域，およびその外側にまで及ぶ．そして雑音の音圧レベルが高まるに従って効果も直線的に大きくなる．**図10-3**に純音が白色雑音（ホワイトノイズ）によって妨害されるときの閾値を示す．

2)　会話に対する妨害

　会話をはじめとする言語伝達においては，相手の声が聞こえるというだけではなく，その内容が明確に理解できるようでなくてはならない．そこで言語伝達においては，妨害を示す指標として了解度が用いられる．

　了解度は，無意味音節，有意味音節（単語），文章などを被験者に聞かせ，それが正しく聞き取られた割合によって表す．

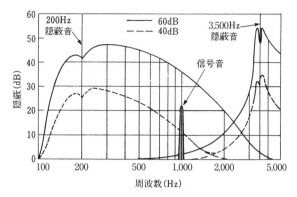

図10-2 純音により生じる隠蔽

200 Hz, 60 dBおよび40 dBの純音によって生じる隠蔽は図の左方に実線および破線で示されている. 中央にある信号音は60 dBの音では隠蔽されるが, 40 dBの音では聞こえる. 図の右方の実線と破線は3,500 Hz, 60 dBおよび40 dBの純音によるものである. 隠蔽は周波数の低いほうには広がらないため, 1,000 Hzの信号音は3,500 Hzの音によっては隠蔽されない.

（C. T. Morgan, et al.著, 近藤 武, 他訳：人間工学ハンドブック, コロナ社, 1972より）

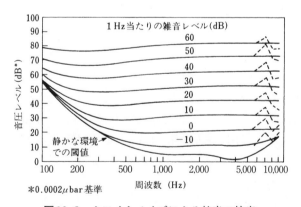

図10-3 ホワイトノイズによる純音の妨害

（C. T. Morgan, et al.著, 近藤 武, 他訳：人間工学ハンドブック, コロナ社, 1972より）

図10-4は音声のレベルと言語の了解度の関係を種々の雑音レベル下で測定した例である. 雑音が85 dBを超える場合には, 耳栓をすれば音声レベルも減衰するものの, 了解度はかえって高いことが示されている.

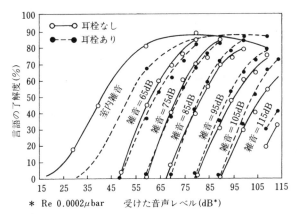

図10-4　耳栓の有無による隠蔽騒音のさまざまなレベルでのPB word明瞭
度とスピーチレベルの関係（NDRC V-51R型耳栓が使用された）
強い騒音があるところでは，耳栓がないよりもあったほうが，より
高い了解度であることがデータからわかる（Kryter）.
（I. J. Hirsh：The Measurement of Hearing 174, McGraw-Hill, 1952 より）

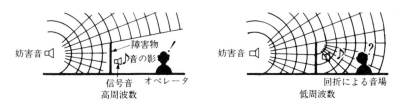

図10-5　音の回折の利用

これらの妨害に対する対策としては以下の方法が考えられる.
①妨害音を遮蔽，吸音して弱める. 完全にできない場合は，信号音，会話の
　周波数帯域を遮蔽，吸収するフィルタとして吸音板などを用いるとよい.
　また妨害音が高周波の場合には回折が起こりにくいので，ついたてなどの
　障害物をおいて，信号音を聞き取る場所を囲ってしまうことも考えられる
　（**図10-5**）.
②信号音のほうの周波数帯域，強さを変化させる. ただしあまり大きい音や
　高周波音では，驚かせたり，不快にさせるので，注意を要する.

③信号音の音源を接近させたり，数を多くする．またヘッドフォンを用いて
聴取する．

Ⅱ　オペレータに不快感を与える環境

1. 温熱感

　温熱感は単に空気の温度だけでなく，湿度，気流，服装，足元と上体の温度
差，さらに周囲の色彩など心理的要因を含めたさまざまな要因によって決ま
る．乾球温度と湿球温度から快適範囲を示したチャートを**図10-6**に示す．

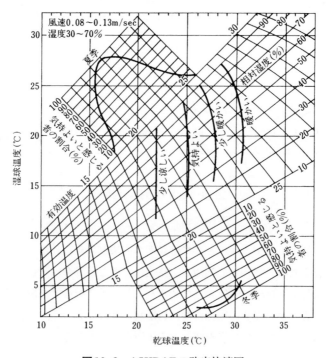

図10-6　ASHRAEの改定快適図

表10-1　騒音のレベル

20 dB	微風にふれあう木の葉の音	
30	郊外の深夜	非常に静か
40	コオロギの鳴き声	
50	静かな事務所	騒々しさを感ずる
60	一般の事務所	騒音を無視できない
70	バスの中	
80	電車の中	
90	地下鉄	
100	ガード下	

2. 騒　音

　騒音の目安を**表10-1**に示す．50 dBを超えると，かなり騒々しいと感ずるようになる．

3. 照　度

　照度に関しては，作業効率，安全性，経済性などの観点からJISにより照度基準が示されている．**表10-2**にその抜粋を示した．

　快適性という観点からみると，単なる照度だけではなく，照明方向（影の方向），室内における照度の均一性など多くの要因が関係してくる．なかでも色温度（光の色を絶対温度で示したもの．黒鉛を加熱したときの輝きの色を，そのときの絶対温度で表す）との関係は密接である（**表10-3**）．**図10-7**は色温度と照明との関係から快適と感じられる範囲を示したものである．

表10-2 照度基準抜粋 (JIS Z9110)

照度(lx)	事務所	工場	学校(屋内)	病院	住宅(居間)
3,000					
2,000	—	○制御室などの計器盤および制御盤			手芸, 裁縫
1,500					
1,000	事務室a, 営業室, 設計室, 製図室, 玄関ホール(昼間)	設計室, 製図室	製図室, 被服教室, 電子計算機室		
750	事務室b, 役員室, 会議室, 印刷室, 電話交換室, 電子計算機室, 制御室, 調理室, 診察室	制御室	教室, 実験実習室, 研究室, 図書閲覧室, 実習工場, 図書閲覧室, 教職員室, 事務室, 会議室, 保健室, 食堂, 厨房, 給食室, 放送室, 印刷室, 電話交換室, 守衛室, 屋内運動場	診察室, 処置室, 救急室, 分娩室, 医局, 研究室, 会議室, 看護婦室, 製剤室, 剖検室, 病理細菌室, 薬局, 製剤室, 事務室, 図書室, 玄関ホール／配膳室, 一般検査室(血液, 尿, 便などの検査), 心電図, 生理検査室(脳波, 便などの検査), 技工室, 視力検査室, 中央材料室, 撮影室, アイソトープ室	○読書 ○化粧 ○電話
500	○集会室, 応接室, 待合室, 食堂, 電気・機械などの配電盤および計器盤, ○受付			育児室, 記録室, 面会室, 外来の廊下／病室X線室(撮影, 透視など), 物療機械室, 温浴室, 水治室, 運動機械室, 薬品倉庫, 聴力検査室, 減菌室, 薬品倉庫	
300	書庫, 金庫室, 講堂, 電気室, 機械室, エレベータ, 雑作業室	電気室, 空調機械室	—		○団らん ○娯楽
200	—	—	講堂, 集会室, 休養室, ロッカー室, 昇降口, 廊下, 階段, 便所, 洗面所, 仕会室, 宿直室, 渡り廊下	麻酔室, 回復室, 浴室, 安静室, 更衣室, 便所, 洗面所, 便所, 公衆, カルテ室, 洗濯場, 宿直室, 階段	
150		出入口, 廊下, 通路, 階段, 洗面所, 便所, 公衆, 作業を伴う倉庫			
100	喫茶室, 休養室, 宿直室(車寄せ), 倉庫, 玄関	屋内非常階段, 倉庫, 屋外動力設備	倉庫, 車庫, 非常階段	内視鏡検査室, X線透視室, 眼科暗室, 車寄せ, 病棟の廊下	—
75		屋外(通路, 構内 警備用)			
50	屋内非常階段			動物室, 暗室(写真など), 非常階段	全般
30					
20					
10					
2				深夜の病室および廊下	
1					

○：局部照明によってこの照度を得てもよいもの

118

表10-3　昼光と人工光の色温度

光　　源	色温度（°K）
青空光	10,000以上
曇天空	6,000
直射日光	5,000
昼光色蛍光ランプ	6,500
二波長域発光形蛍光ランプ	5,000
メタルハライドランプ（蛍光形）	5,000
白色蛍光ランプ	4,500
蛍光水銀ランプ	4,100
温白蛍光ランプ	3,500
白熱電球	2,850
高圧ナトリウムランプ	2,100
ろうそくの炎	2,000

（小林武男，他編：現代建築環境計画，オーム社，
　1983より）

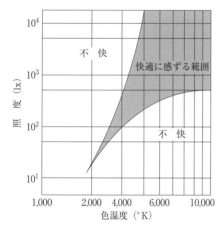

図10-7　光源の色温度と快適な照度
（A. A. Kruithot：Philips Tech. Rev.
6, 1941より）

問　題

(1) グレア：パーソナルコンピュータ，小型テレビなどを窓の近く，照明の下などさまざまな場所に設置し，その際のグレアの発生状況を調べよ．またそれぞれの場所についてグレアの発生を防止する方法を考え，試してみよ．

(2) ホワイトノイズ：FMラジオを使ってホワイトノイズ（同調していないときのザーという音）を発生させ，純音，会話に対する妨害状態を示した本文中の**図10-3**，**4**にあてはまるか検討せよ．また信号音の音圧は隠蔽閾値に＋15dB加えた音圧以上にするとよいといわれている（4章参照）．この点について確認実験を行え．

(3) 快適性：快適性に関する環境要因としての温熱感，騒音，照明について，さらに詳しく調べてみよ．また快適性に関係する他の環境要因（たとえばにおい，色彩，気流など）についても調べてみよ．快と適の違いについて考察せよ．

11章

個人差への対応

前章までは機械設計の人間工学的な基本設計配慮事項について述べてきた.ところで実際にこれらに基づいてエンジニアが機械を設計しようとするときにしばしば直面するのは,個人差と個人内変動の問題である.人間は誰一人として同じではない.また一人の人間であっても,その状態は時々刻々と変化している.たとえば筋力のある人とない人がいる.また体調の良いときと悪いときがある.いったい誰のどのような状態に合わせて設計を進めたらよいのだろうか.本章ではこうした個人差や個人内変動の問題に対する人間工学的考え方について述べる.

I　個人差と個人内変動

人間一人ひとりの生理的・心理的・身体的諸特性の違いを個人差という.また同一個人におけるこれら諸特性の変動を個人内変動という.たとえば人間が目覚めている状態（覚醒水準）には5つのレベルがあり（**表7-2**参照),この間を常に変動している.

個人差はあらゆる点について存在するが,人間工学にとくに関係するものを**表11-1**に示す.

表11-1　人間工学に重要な個人差の例

生理的特性	視　　　力
	聴　　　力
	体　　　力
心理的特性	知　　　能
	性　　　格
	知識・経験の量
身体的特性	身　　　長
	座　　　高
	体　　　重
	動作速度
	筋　　　力

Ⅱ　個人差への人間工学的対応

個人差に対する人間工学的対応としては次の4つが考えられる.

1) 共通をとる方法

個人差のあるユーザの集団に共通がとれる場合には，その共通領域を設計領域とする．たとえば自動販売機は，成人，子ども，車椅子の障害者などさまざまな人が使用する．それらの人の作業域の重なった領域に操作器を配置すれば，それぞれに多少の無理はあるものの，全員が操作することができる（図11-1）.

2) 立場の弱いユーザに合わせる方法

その機械を使用するユーザのなかで，最も立場の弱い人の最も好ましくない状態に合わせて対象を設計する．こうすれば他のユーザの立場や状態は想定したユーザよりもよいので，余裕をもって使用することができる．グループで登山するときに，体力の最も衰えている人に歩調を合わせるのと同じである.

たとえば公園の水飲み場の高さは子ども（立場の弱い人）に合わせて決められる．大人は子どもより背が高いので，子どもの高さであっても飲めないということはない.

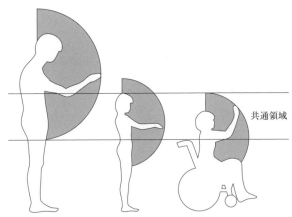

図11-1　成人，子ども，車椅子の障害者の最大作業域共通領域
この共通領域に操作器を配置すれば全員が使用することができる.

	インフォメーション		レストラン
	乗車券発売窓口		荷物受付所
	座席指定窓口		税　関
	荷物預け所		両　替
	ロッカー		電　話
	理容・美容		タクシー

図11-2　ヨーロッパの鉄道の案内表示例
ヨーロッパは多言語なので，公共表示は各国からの
旅行者にもわかるように図記号が用いられている．

　また空港や鉄道を利用するのは文字を読める大人だけとはかぎらないので，文字の読めない外国人（立場の弱い人）などにもわかるように，案内表示には文字だけでなく図記号が使われている（**図11-2**）．

　立場の弱いユーザに合わせるという考え方は，公共設備のように不特定多数のユーザが一つのものを共用しなくてはならないが共通がとれない場合，またそれが非常に高価でユーザごとの対応ができない場合，そして何よりもまず，仮に立場の弱いユーザ以外の人を基準にしたら，立場の弱いユーザがまったく使用できなくなってしまう場合に採用される．

3）ユーザごと，ユーザ層ごとに合わせる方法

　立場の弱いユーザに合わせる方法では，すべてのユーザが使用できるが，想定されたユーザ以外には無理を強いることがある．たとえば前述の水飲み場についてみれば，背の高い人は確かに水を飲むことができるが，身体をかがめなくてはならず，無理がかかる．

　そこで設計対象が比較的安価な場合，個人差の分散が大きいような場合には，対象を使用するユーザをいくつかの層に分けて設計する．たとえば既製服サイズはS，M，L，Y体，A体などに分けられている．いちばん体格の大き

い人に合わせればすべてのユーザが着られないことはないが，ほとんどの人にとっては不都合なものとなる．そこでユーザを身長，胸囲などによりいくつかの層に分け，その層ごとに服の寸法を決めているわけである．水飲み場であれば複数の高さのものを設置したり，踏み台を設けることが考えられる．

さらに，ドアであれば，ノブをやめて縦バーとすることで，ユーザが自分の好きなところを引くことができるようになる．

またこの考え方はソフトウエアでも重要であり，たとえば日本語，英語，フランス語，スペイン語，韓国語，中国語などに表示切り替えのできる銀行のATMや，初心者はメニュー方式，熟練者はショートカットキーで操作のできるシステムなどは，この考え方に基づくものである．

4) 平均的なユーザに合わせる方法

たとえば鉛筆の太さを決めるときは，人間の手の寸法はさまざまなので，本来ユーザ層ごとに合わせて種々の太さのものを製造すべきである．しかしこれでは価格が高くなってしまう．だからといって最も手の小さい（大きい）人に合わせたのでは，手の小さい（大きい）少数の人には最適であるが，それより手の大きい（小さい）多数の人には不都合となり，最も手の大きい（小さい）人には無理を強いることにもなる．さらに，仮に鉛筆の太さが最も手の小さい（大きい）人に合っていなかったとしても，手の小さい（大きい）人がその鉛筆をまったく使用できないというわけではない．

このように“ユーザごと，ユーザ層ごと”にも“最も立場の弱いユーザ”に

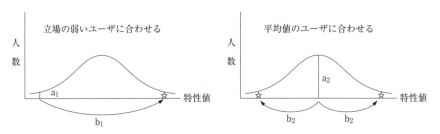

図11-3 平均的なユーザに合わせる方法の設計の考え方
立場の弱いユーザに合わせると，最適となる人数はa_1，無理の最大値はb_1である．これに対して平均値のユーザに合わせると，$a_1 < a_2$，$b_1 > b_2$となる．

も合わせる必要が必ずしもない場合には，最も人数の多い平均値のユーザに合わせて設計する．これによりその設計値が最適となる人数は最大となり，また平均値以外のユーザも無理はあるものの，その無理の程度は最も立場の弱いユーザに合わせるよりは小さい（**図11-3**）．

問　　題

(1) 個人差への対応：“共通をとる”，“立場の弱いユーザに合わせる”，“ユーザごと，ユーザ層ごとに合わせる”，“平均的なユーザに合わせる”のおのおのの事例を幅広く調査せよ．

(2) (1)で調査した例について，ユニバーサルデザインの観点から考察せよ．

12章

ユニバーサルデザインとUX

　障害者，高齢者など身体の一部または全般にわたって機能が低下している人や，妊婦，子どもなど健康な成人と同じ行動や動作ができない人など，ハンディのある人に対しては立場の弱いユーザに合わせる，またはユーザごと，ユーザ層ごとに合わせるという原則をより徹底しなくてはならない．とくに近年の寿命の伸びや出生率の低下により，日本の人口に占める高齢者の割合が増えてきている．高齢者や障害者などのハンディのある人々もそれぞれに生活自立し，社会に積極的にかかわれることが，健全な社会の必須条件である（ノーマライゼーションの思想）．その社会参加を円滑にするためには設計の最初の段階から多様なユーザの状態を正しく把握し，設備，機械，道具などの使いにくさ（バリア）を排除し，さらには楽しい生活を創出していくことが重要となる．本章ではとくに高齢者，障害者のバリアということについて，人間工学の立場から考えてみよう．

I　高齢者

　医学的に老化現象が発現するのは一般に40歳以上という．WHO（世界保健機関）は65歳以上を高齢者と定義し，75歳以上を後期高齢者，75歳未満を前期高齢者といっている．

1. 生理的機能の低下

　加齢とともに20歳くらいまでは機能は上昇し続けるが，その後は低下する．ほとんどの内臓生理機能は年に1％ずつ機能が低下する（**図12-1**）．50歳代になると脳萎縮も見られるようになる．

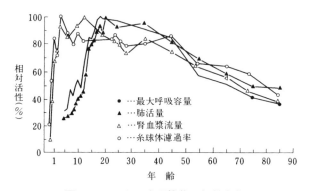

図12-1 ヒトの生理機能の加齢変化
（大田邦夫監，山田正篤，他編：老化指標データブック，朝倉書店，1988より）

2. 感覚機能の低下

40歳代後半から視機能は徐々に低下する．とくに近いところを見る静止視力（30cm視力）は，30歳代では平均1.10あるのに対し，40歳代前半で0.90，後半で0.75，50歳で0.62と低下してくる．ただし遠くを見る5m視力についてはほとんど低下は認められない．

動体視力に関しては，**図12-2**に示すように40歳代後半から低下が著しくなって20歳代の約90％となり，50歳代では約85％となる．以下，急激に低下し，自動車運転時などに問題となる．

また老人性縮瞳のために瞳孔から眼内に導かれる光量は，加齢とともに減少する．そのため若年者に比べて，より明るい光環境が求められるようになる．70歳以降では白内障による水晶体の混濁のため，像がはっきりしないという問題も生じがちである．

聴力については加齢とともに聴覚閾値が下がり，とくに高い音が聞き取りにくくなる．高齢者が聞き取りやすい周波数帯は1,000Hz付近であるという．

3. 動作的機能の低下

動作的機能の低下の様相は，上肢・下肢，単純動作・複雑動作，長期間習熟

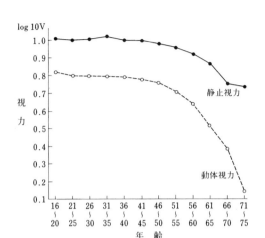

図12-2　年齢と動体視力（対数）（一般人2,029人）
（鈴村昭弘：空間における動体視知覚の動揺と視覚適正
の開発．日眼会誌75(9)，1971より）

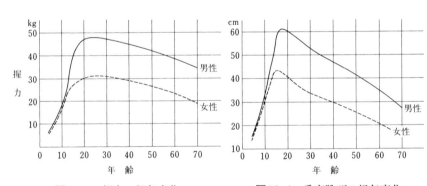

図12-3　握力の経年変化
（東京都立大学身体適性学研究室編：日本人
の体力標準値，3版，不昧堂，1980より）

図12-4　垂直跳びの経年変化
（東京都立大学身体適性学研究室編：日本
人の体力標準値，3版，不昧堂，1980より）

した動作か否かなどで異なってくる．**図12-3〜5**は単純な動作の機能を年代比
較したものである．下肢動作は20歳代からおおむね年間1％程度ずつ低下して
いく．上肢の筋力の低下度は緩やかである．

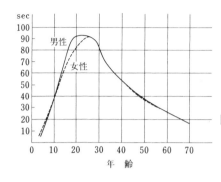

図12-5 閉眼片足立ちの経年変化
（東京都立大学身体適性学研究室編：日本人の体力標準値, 3版, 不眛堂, 1980より）

4. 認知機能の低下

　高齢者では記憶能力や理解力などの認知機能が低下する．とくに低下するのは瞬間判断力であり，理解や判断のためには十分な時間が必要になる．

　一方で，知識や経験に基づく判断，いわゆる智恵（結晶性知能という）は加齢とともにより優れたものになる．

II　障害者

　障害者といった場合，身体障害者，知的障害者，精神障害者，発達障害者が含まれている．

　いずれも社会生活上の不便や制限をもつ人々である．

　近視などのように，視覚に障害はあるものの眼鏡などで矯正できる場合は不便・制限はないものとされ，障害者の範疇には入らない．

III　高齢者・障害者の生活自立

　年齢が高くなるにつれて，また身体に障害がある場合には，身体的機能が低下している．ADL（activities of daily living）を維持・向上し，生活自立を確保するためには，その低下した能力を補ったり，あるいは低下した機能以外の機能を用いて作業動作が可能となるように，人間工学的配慮が必要となる．低

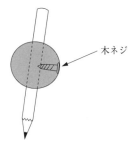

木ネジ

図12-6　筆記具を普通にもてない人が使用する自助具
　　　　　木製の握り球に穴を貫通し，筆記具を通してネジで
　　　　　固定する．握り球を握り，筆記を行う．

下した機能，障害の種類によって対応は異なってくるが，基本的には自助具・
補装具の使用，道具・機械・施設・設備などの人間工学的改善が中心となる．
なお，ADLとは日常的生活動作，すなわち洗面，歯磨き，排泄，入浴，食事，
就寝準備，着替え，簡単な料理，持ち物の整理・整頓などの身辺自立動作のこ
とである．

1.　自助具

　自助具は日常生活，職業生活，社会生活をする際に，その行動・動作を容易
にするための道具である．すなわち自助具は残存した機能を，能力低下または
障害を受けた機能の代わりに使ったり，あるいは能力の低下した機能で動作を
行うために製作された道具である．

　図12-6に，小さいものをしっかりもてない，手指機能障害者に対する自助
具の例を示す．簡単なものであるが，非常に便利なものである．

2.　補装具

　補装具とは身体の機能低下，障害，機能喪失を直接的に補うもので，義手，
義足，コルセット，車椅子，歩行器，補聴器などが代表的なものである．補装
具は高齢者・障害者自身が医師など医療担当者の指導の基で選定し，使用する
ことが多い．

3.　バリアフリーデザインへの指針

　家庭内，作業場，職場において，高齢者，障害者が快適・安全に生活や仕事

ができるよう，道具，施設・設備に配慮を加えなくてはならない．

　高齢者，障害者へのバリアフリーデザインへの指針をいくつか示そう．これらの指針を推進することは，単に高齢者，障害者のためだけではなく，健康な成人にとっても便利なことであり，それゆえ共用品（共用化）ともいわれる．

1) 移動（歩行）のバリアフリー

①路面や床の段差や凹凸をなくす．

②段差がなくせないのなら，照明条件をよくし，明瞭な色により塗装して目立たせる．

③垂直方向の移動を極力なくす．容易にする．たとえばエレベータを設置する．階段を傾斜の緩いスロープにする．

④階段，段差，傾斜には必ず手すりと滑り止めをつける．

⑤側溝のふたなどを設置し路面や床面の隙間をなくす．やむをえない場合には，車椅子の車輪幅や杖の先端幅より狭くする．

⑥とっさの回避が困難になるので，出会い頭の衝突などを防ぐようコーナーミラーをつけるなど通路の見通しをよくする．

2) 立ちしゃがみのバリアフリー

高齢になると立ちしゃがみがつらくなる．椅子を中心とした生活とする．トイレは洋式にする．畳の上の布団をやめてベッドとする．バランスも崩しやすくなるので，手すりを設ける．

3) 時間のバリアフリー

高齢者や障害者はゆっくりとしか動作ができない場合も多い．そこでゆとりをもって動作ができるようにする．

①自動ドアはゆっくり閉まるようにする．

②横断歩道の青信号時間を長くする（ゆとりボタンを設置する）．

③機械が自動作動する時間を遅めにする．たとえば次の入力がないと自動リセットする機器では，自動リセットになるまでの時間を長くする．

4) 感覚のバリアフリー

● **視　覚**

①触覚表示，聴覚表示を併用する．たとえばテンキーセットの5のキー上の"ぽっち"，音声ガイダンスなどである．

②視覚表示は大きく，明るく，コントラストを明瞭につけて表示する．

③色覚障害者のために，色によるコーディングは避ける．

● **聴　覚**

①視覚表示，触覚表示を併用する．たとえば電話機は着信の際にランプを光らせる．携帯電話であれば振動させる．

②加齢とともに1.5kHz以上の高い音は聞き取りにくくなる．そこで家電などのアラーム音はこの周波数以下のものとする．

③電話の受話音量を容易に調節できるようにする．

5) 動作のバリアフリー

加齢とともに筋力が低下し視力が低下することから，目と手の協調による巧緻動作も不得手になる．後方，上方へ手を伸ばすのもつらくなる．

①重量物の保持，取り扱いをなくす．

②スイッチやボタンを大きくする．

③複合操作をなくす．片手で押さえて，もう一方の手で作業をするような状況をなくす．

④棚は低めにし，上方へ手を伸ばさないでも届くようにする．

6) 思考・判断のバリアフリー

銀行の自動預金機，自動販売機などの公衆用機器，スマートフォン，情報家電機器やWebサイトなどの操作手順のわかりやすさを向上させることである．

①バージョンアップしても操作方法は以前の機器のそれを継承する．

②バージョンアップの際に，機器の外観は以前の面影を残す．高齢者では外観が大きく異なると，それだけで使う意欲が薄れ，尻込みしてしまう場合が多い．

③本当に必要な機能に絞り込む．オプション機能は初期画面では提示しない．

④重要な事項をより大きく強調した表示とする．

⑤専門用語を使わない．

⑥直感的にわかるピクトグラムやアナログ表示を用いる．

⑦一画面中に多数の情報を提示しない．シンプルな画面とする．

⑧わずかであっても操作中に短期記憶を課さない．

⑨一問一答操作形式とする（一画面一タスクとする．一音声ガイダンスは一

　指示のみとする）．

⑩入力箇所を明確にする．

⑪そのとおりにやれば目的が達成できるような，明確で具体的なマニュアル
　や音声ガイダンスを提示する．

⑫音声ガイダンスはゆっくりと提示する．

⑬入力を促す明滅などのプロンプトは，焦らせない明滅速度とする．

⑭操作に困惑したときに初期状態に容易に戻れるようにする．

　なおこれら各種のバリアフリーへの指針は高齢者や障害者の心身機能を補う
ものであり，これを"物理的バリアフリー"という．ここで物理的バリアを排
除するだけではなく，私たちの心のなかから心理的なバリアを排除し，ハン
ディのある人に対して気負いをもつことなく，ごく自然に手を貸し，また援助
されること，つまりノーマライゼーションを理解し，行動できることが大切で
ある．さらに社会制度や社会慣行のなかには確たる理由もないのに，昇進，昇
格の差別などの制度的バリアがあることも耳にする．これらバリアを排除し，
社会を構成する個人それぞれが，それぞれに社会的，生活的に自立できる社会
づくりを推進しなくてはならない．

4. ユニバーサルデザイン

　バリアフリーはどちらかというと，すでにある製品からバリアとなることを
取り除く，後追い対策的な雰囲気が強い．しかしそうではなく，製品や環境を
開発する最初の段階から，さまざまなユーザ（利用者）のことを考えに入れて
設計を進めるべきではないか．これがアメリカ人の建築家ロン・メイス
（Ronald L. Mace, 1941-1998）氏によって，1985年に提唱されたユニバーサ
ルデザイン（universal design；UD）の考え方であり，次のように説明されて
いる．

　「ユニバーサルデザインとは，デザインの変更や特別のデザインをすること
なく，可能なかぎりすべての人に利用可能な製品や環境をデザインすることで
ある（Universal design is the design of products and environments to be us-
able by all people, to the great extent possible, without the need for adaptation

or specialized design.).」

　この考え方に基づき，UD 7原則が提唱されている．

　①どんな人でも公平に使えること

　②使ううえでの自由度が高いこと

　③使い方が簡単で，すぐにわかること

　④必要な情報がすぐに得られること

　⑤エラーが危険につながらないこと

　⑥身体への負担が少なく，弱い力でも使えること

　⑦利用やアプローチのために十分な大きさと空間を確保すること

　なおヨーロッパではユニバーサルデザインと同様の意味としてinclusive designという表現が多く用いられている．またアクセシビリティ（accessibility）という言葉もあり，これは，公共施設や社会的なサービスなどへのアクセス（利用，入手）を可能にするというニュアンスが強い．

5.　健康寿命

　0歳児が何歳まで生きられるかを推計した年齢を平均寿命という．一方，日常生活に制限が生じることなく生活できるまでの平均期間を健康寿命という．健康寿命から平均寿命までは，介護が必要になる期間であり，この期間を短くすることが重要である．

　加齢により筋肉量が減少（筋力が低下）し，これにより身体機能，そしてQOLが低下する．これをサルコペニアという．なかでも運動機能の低下をロコモティブシンドロームという．高齢による身体機能の低下は，食生活の乱れからの低栄養，意欲の減退，さらには虚弱を招くこともある．これをフレイルという．これらを避けるために，バリアフリーやユニバーサルデザインを推進し，生活自立を図ることや，生活のなかでの自然な心身活動，適度な運動，知的活動，他者との触れ合いの機会を積極的に設けることが求められる．

Ⅳ　子どもへの配慮

　発達途上にある人を子どもといい，出生からおおむね18歳までが対象とな

表12-1 年齢と遊び

年　齢	分　類	内　容	例
3か月～ 2歳	感覚運動遊び	見る，聞く，触るなどの感覚を働かせて楽しむ	ガラガラ，紙破り，太鼓
1～2歳	運動遊び	手足，体を動かして楽しむ	跳ぶ，スキップ，なぐり書き，滑り台，ブランコ
1～3歳	鑑賞遊び	大人の話を見たり聞いたりして楽しむ	絵本の読み聞かせ，童謡を聞く，子ども番組を見る
2～5歳	模倣遊び	ごっこ遊び	大人のまね，動物のまね，ままごと，ファッションショー，お手伝い
3～6歳	構成遊び	ものを組み立て，創造して遊ぶ	積み木，あやとり，粘土，砂場
5～8歳	ルール遊び	ルールを定めて集団で遊ぶ	鬼ごっこ，かくれんぼ，トランプ
9～12歳	競技型遊び	集団対集団で競技して遊ぶ	ドッチボール，サッカー，ソフトボール

る（生後2週未満：新生児期，満1歳未満：乳児期，満1歳～満6歳：幼児期，満6歳～満12歳：児童期，満12歳～満15歳：思春期（青年前期），満15歳～18歳：青年期）．

　この時期は心身が急速に発達し，自我が確立されてくるが，すべての心身機能が一斉に発達するのではなく，とくに6歳ごろまではある特定の機能や能力が急速に発達する時期があり，これを敏感期という．敏感期では，子どもはその機能発達を促す行動を好んでとる．たとえば2歳児は運動能力が急速に発達し，高いところから飛び降りることを好む．それが自分の能力の自覚や自信にもつながる．そこで，玩具，遊具など“子どもに向けた製品”では，その発達を豊かに促す要素を織り込むことが必要になる（**表12-1**）．一方，住宅設備や公共施設などの“子どもも共用する製品”や，成人向けの“子どもは対象としない製品”において，興味をそそる要素が含まれていると，いたずら行動による事故につながるため，チャイルドプルーフなどの安全配慮が求められる．な

お，"子どもに向けた製品"でも，鋭利な部分などのハザードを徹底的に除去することはいうまでもない．

V　人間中心設計

1.　人間中心設計活動

"使いにくい製品"を調べてみると，その多くが，設計者が製品の使い手のことを十分に考えず，"独りよがり"で設計をしたものであるという．つまりは設計者の意図とユーザの実態とのミスマッチである．当たり前のことながら，製品は使い手の立場に立って設計することがきわめて大切である．この考え方に基づく設計活動を人間中心設計（human centred design；HCD）という．これにより使い手の立場からの製品品質（利用品質）が満足される．これをシステマティックに進めるための手順を示したものが，ISO 9241-210（ergonomics of human-system interaction part 210：human-centred design for interactive systems）に示される人間中心設計活動である（**図12-7**）．

製品開発の計画をたてたうえで，以下の4つのステップを踏んで製品を開発する．

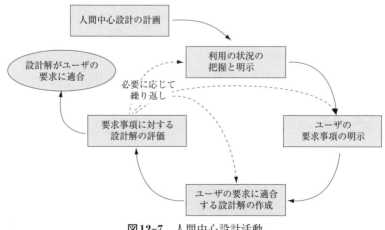

図12-7　人間中心設計活動

1) 利用の状況の把握と明示

製品の製造，流通，使用，そして廃棄に至るまで，いつ，どこで，誰が，どのように，その製品にかかわるのかを調査し，明らかとする．

2) ユーザの要求事項の明示

その製品にかかわるユーザや組織などが，その製品に要求する事項や，設計の制約となる事項を明らかとする．

3) ユーザの要求に適合する設計解の作成

設計ガイドラインや設計原則などを参考にしながら，要求事項を具体的な製品の形に表していく．

4) 要求事項に対する設計解の評価

設計案や試作品が要求事項を充足したかを，ユーザビリティテストなどにより確認する．

なお，製品にかかわるユーザ（利用者，使用者）には，次の3種類がある．

①主使用者（primary user）：その製品を積極的に使用する人．自動車であれば運転者，ベビーカーであればベビーカーを押す保育者．

②副次利用者（secondary user）：その製品を受動的に利用し，主使用者の影響を受ける人．自動車であれば同乗者，ベビーカーであれば赤ちゃん．

③同席者（seatmate）：その製品の使用場所にたまたま居合わせた人．自動車であれば，警笛を鳴らされた人や，泥はねをされた歩行者．ベビーカーであれば，ベビーカーにより歩行を妨げられた通行人．

また，購買者と使用者が異なる場合がある．たとえば，銀行のATM端末では，購買するのは銀行であり，実際に使用するのは預金者となる．

いずれの人に対しても，利用満足が与えられなくてはならない．したがって，製造，流通，使用，廃棄の全過程において，幅広く利用の状況を調査する必要がある．

2. ユーザビリティテスト

ユーザビリティテストのやり方としては，以下がある．

①ユーザビリティの評価訓練を受けた評価者や設計者自身が，設計ガイドラ

インを参照しながら，ユーザになったつもりで評価をする．コグニティ
ヴ・ウオークスルー（cognitive walkthrough）やヒューリスティック評価
（heuristic evaluation）法などがある．

②テストルームにユーザ（モニタ被験者）を招き，所定のタスク課題を与え
て使用してもらう．戸惑いやエラー，操作時間，プロトコル（発話）など
を詳しく分析することができる．

③モニタ家庭やモニタ職場に製品を持ち込み，自由に使ってもらい，評価を
得る．生活や職場の実態に沿った評価が可能である．

3. ペルソナ・シナリオ手法

ユーザの要求事項を抽出するためには，アンケートや生活観察などが有益で
あるが，コストもかかり，またインタフェイスの細部の要求事項までの抽出が
難しいことも多い．そこで，その製品のターゲットユーザの典型像や，使用が
考えられるユーザ像を履歴書風に表し（これをペルソナという），そのペルソ
ナの製品の使いぶりを，物語的に書き表し（シナリオという），そのペルソナ
がそのシナリオでその製品を使うことをイメージし，要求事項を抽出すること
が行われる（**図12-8**）．

ペルソナは1体ではなく，老若男女，初心者・ベテラン，日本人・外国人な
ど，複数のものをつくる．ペルソナとシナリオをつくることで，製品開発に携
わる設計者やデザイナーの意思統一も図られる．

西　早稲男さん（75歳）
東京都在住，奥様と2人で暮らしている．
趣味は鉄道とバスの旅．
若いころから自分で計画を立てて，全国の名所旧跡を
巡っている．
体力はまだまだ自信があるが，最近，視力が低下して
きている．

図12-8　ペルソナの例
この方にスマートフォンを使っていただくとしたら，
どのような設計配慮が必要となるだろうか？

VI　UX

　UX とは user experience の略で，製品やサービスの使用や一連の利用をしたときにユーザにもたらされる体験や経験のことである．製品やサービスを利用するときには，製品が使いにくい，自分の希望するサービスが受けられないなどの "嫌な経験" がないことは当然として，楽しい，気分がよいなどの "よい経験" が得られることが重要である．それをデザインすることで，逆に製品やサービスのあるべき姿や位置づけがはっきりする．経験価値，体験価値などといわれるものも UX に関係する．

　UX には，経験する時間の長さに対応して，いくつかのレベルがある．

1）操作のレベル

　気持ちのよい操作感触，機器の面白い動きなどといった感覚的なレベル．

2）行為のレベル

　アイロンがけの楽しさ，掃除機での掃除の面白さなど，機器を使っての生活行為の楽しさ，充足感，達成感などのレベル．

3）生活シーンのレベル

　団らんなどといった，よい時間を過ごすといったレベル．これは，寝そべったりソファに腰掛けたりしながら，家族でテレビを見る，お菓子を食べるなどのいくつかの行為から構成されるもので，さまざまな機器が関係してくる．

4）生活イベントのレベル

　旅行に行く，ショッピングに行くなどの生活のイベントのレベル．普段，経験をしない非日常的な経験をすることが，よい経験につながる．

問　題

(1) 老人ホーム，身体障害者福祉工場，授産所などを訪問し，高齢者，障害者に対して，自助具，補装具，設備・施設に関してどのような人間工学的配慮がなされているか調査せよ．

(2) 駅，公会堂，学校などの公共施設や自分の住宅について，自分が障害者あるいは高齢者になったと考えてみたとき，道具，設備・施設にどのような人間工学上の不都合があるか，障害者，高齢者の目で具体的に考察してみよ（高齢者疑似体験ツールを用いて検討することもよい）．

(3) 妊婦，子ども，日本語のわからない外国人などにとってのバリアフリーについて考察してみよ．

(4) 物理的バリア，心理的バリア，制度的バリアについて議論せよ．

(5) ユニバーサルデザインについて，歴史や意義を調べよ．

(6) 子どもの発達とものづくり，安全づくりについて考察せよ．

(7) 人間中心設計を具体的にどのように進めればよいか考察せよ．

(8) "使って楽しい"，"愛着が湧く"など，ユーザ経験（user experience）を高めるための製品の姿や条件について考察せよ．

13章

信頼性設計

　機械がいかに人間工学的に設計されていても，予想もしなかったような
ヒューマンエラーや偶発的事象によって異常事態が発生することがある．本章
ではこうした異常事態に対応するための対策について述べる．また製品のミス
ユースによりユーザに危害が及ぶことがある．このような製品事故を防止する
こともエンジニアの務めであり，そこで製造物責任についても要点を述べる．

I　異常事態への機械側の対応

　人為的，機械的，偶発的を問わず，機械運転時に何らかの異常事態が発生
し，暴走のような最悪の事態となって人命が失われることがある．こうした事
態を避けるための設計対応としてフェイルセーフ（fail safe，事故があっても
必ず安全側に切り替わる）がある．

1. 全機能が何とか運転し続ける

　運転中のシステムに致命的な事故が起こったとき，直ちに運転を停止させる
よりも，運転を続行させたほうが安全な場合の対応である．
　具体的にはシステムの重要な要素を並列に複数化（冗長化）しておく．これ
により一つが故障しても他が生きているかぎり，平常時と同等とはいかないま
でも，何とか運転が続くようになる．これをフォールトトレラント（fault
tolerant）という．

＜例＞　航空機のパイロット，制御系統，エンジンの複数化
　　航空機のパイロット，制御系統，エンジンはそれぞれ1系統でも運航可能

である．しかし運航中にパイロットが急病となったり，制御系統やエンジンが故障した場合には，航空機は墜落してしまうことになる．このような最悪の事態を避けるため，これらを複数化しておけば，1系統が故障しても，何とか最寄りの空港まで運航可能となる．

自然界の生物はフォールトトレラントになっているものが多い．たとえば人間の身体器官はほとんどが複数化している（眼，耳，鼻孔，手，足，肺，腎臓，卵巣，睾丸など）．複数化している器官であれば，片方が損傷を受けても，もう一方で何とかやっていくことができる．また植物の葉脈は複数化しており，1本が切れても他の経路により葉先に何とか水分を送ることができる．

フォールトトレラントにすることでシステムの信頼性は指数的に向上する．詳しくは後述する．

2. 全機能が直ちに停止する

フォールトトレラントとは逆の考え方で，運転中のシステムに事故が起こった場合，すべての機能を直ちに停止させてしまうという考え方である．フェイルストップ（fail stop），フェイルダウン（fail down）という．

＜例1＞　ガスコンロの煮こぼれセンサ（図13-1）
センサ部が加熱されていればガスは出るが，これが冷えるとガスが停止する．そこでたとえばやかんの湯が沸騰し，煮こぼれて火が消えてしまった場合，センサが冷えてガスは自動的に止まり，ガス中毒，ガス爆発などの事態を防ぐことができる．

＜例2＞　鉄道の自動列車停止装置
鉄道では運転手が運転中に急死したような場合，列車が暴走しないよう，運転手が一定時間，運転操作を行わないと自動的に停止してしまう．

いずれも運転を続行させると最悪の事態となる場合で，停止が最善の策の場合である．これを狭い意味でのフェイルセーフということがある．

図13-1　ガスコンロの立ち消え安全装置
煮こぼれや風で炎が消えた場合，ガスを自動的にストップする．

3. 末端機能は停止するが主機能は運転し続ける

運転中のシステムの一部にトラブルが生じた場合に，その影響をトラブルの生じた部分のみに抑え，それ以上に拡大させずに，システムの中心機能は運転の続行が可能なようにするという考え方で，いわばトカゲのシッポ切りである．これをフェイルソフト（fail soft）という．

＜例＞　自動車のバンパー

たとえ接触事故が起こったとしても，ショックはバンパーという末端レベルで吸収され，車両全体が破壊されることはなく，運転が続行できる．また修理は車両全体ではなく，バンパーだけを交換することですむ．

4. 主機能は停止するが末端機能は機能する

フェイルソフトとは逆に，システムの主機能が停止してしまった場合にも，周辺機能や安全機能は運転の続行が可能なようにしておくことである．末端機能が作動することで，システム全体での混乱を防ぐことができる．

＜例＞　車の非常点滅表示灯やクラクションはエンジン停止時も作動する

自動車のエンジンが故障した場合，もはや運行は不可能であるが，他車両

の追突など，それ以上の事故が拡大発生することのないよう，非常点滅表示灯やクラクションは作動する．

II 信頼度

1. 冗　長

フォールトトレラントにおいて，システムの重要な要素を複数化することにより，信頼性は次のように指数的に向上する．

あるシステム要素が統計的に，仮に10回に2回（20％）は故障するとき，信頼度（故障しない確率）80％という．このようなシステム要素が2つ，並列に配列されているとしよう（**図13-2**）．このときどちらか一方のシステム要素が正常に機能すればシステムは作動するとすると，システム要素の状態とシステムの作動の関係は**表13-1**に示すようにまとめられる．すなわちシステム要素が2つとも正常に機能しない場合にのみシステムは停止する．この状態になる確率R′は，

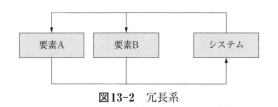

図13-2　冗長系

表13-1　冗長系におけるシステム要素の状態とシステムの状態

	要素A	要素B	システム
並列複数化の場合	○	○	○
	○	×	○
	×	○	○
	×	×	停　止

○：正常，×：故障

$R' = (Aが故障する確率) \times (Bが故障する確率)$

$= 20\% \times 20\%$

$= 0.04 \ (4\%)$

停止が起こらないのはこのような状態以外であるから，その確率Rは，

$R = 1 - R'$

$= 1 - 0.04$

$= 0.96 \ (96\%)$

すなわち信頼度80％の要素を2つ，並列に複数化することで，システム全体の信頼度は96％に向上する.

以上を一般化すると次のようになる．すなわちシステムのある要素の単独信頼度をrとするとき，その要素がn台，並列に複数化された場合の総合信頼度Rは以下のように表される.

$R = 1 - (1 - r)^n$

ところで上式においてn→∞としないかぎりR＝1，すなわち総合信頼度は100％にはならない．つまりフォールトトレラントとしてもシステム停止の発生を皆無とするのは不可能ということである.

2. 冗長系において所定の総合信頼度を得るための必要要素数

前述の場合を例にすると，総合信頼度を99％以上にしたい場合の並列複数化に必要な要素数は以下のようにして求められる.

$0.99 \leq 1 - (1 - 0.8)^n$

したがって，

$0.01 \geq 0.2^n$

両辺の対数をとって，

$$n \geq \frac{\log 0.01}{\log 0.2} = 2.86\cdots$$

よって3要素，並列複数化すればよいことになる.

3. 多重防護

冗長系は，システム機能を停止させたくない場合の方法である．一方，シス

テムを偶発的に起動させたくない場合には，多重防護（多重防御）が必要となる．多重防護は，金庫にいくつも錠をかけることにたとえられる．

たとえば，環境に漏れると重大な影響をもたらす物質があるとしたら，防護壁は幾重にも重ねたほうが安心である．仮に1つの防護壁の故障回数が，運用100日当たり20日だとすると，防護壁が1つの場合には，漏洩事故は100日あたり20日となってしまうが，防護壁が，ABと2枚重ねられていると，漏洩事故が起こる確率R′は，2つの防護壁が同時に故障した場合となるから，

$$R′ = (Aが故障する確率) \times (Bが故障する確率)$$
$$= 20\% \times 20\%$$
$$= 0.04（4\%）$$

したがって，漏洩事故の発生は100月当たり4日に減らすことができると期待される．

つまり，冗長の場合と同じく，多重防護をすればするほど，総合信頼度を高めることができる．

4. 共通原因故障と多様性

冗長でも多重防護であっても，それが同じ要素で構成されていると，冗長や多重防護が果たされないことがある．たとえば，金庫にいくつも錠をつけたとしても（多重防護），それが同じ鍵であいてしまうのであれば，多重防護の意味はなさない．そこで，さまざまな錠をつけることが必要である．これを多様性という．多様性は，空間的にも必要となる．たとえば，停止させたくない機器に対して電源供給を冗長にしていても，まったく同じルートで電源ケーブルを這わせていたのでは，火災や地震などといった外部要因により，同時に電源ケーブルが破損してしまうことがありえる．こうした事態を共通原因故障（common cause failure）という．これを避けるためには，電源ケーブルの配線ルートを違えるといった，空間的な多様性が必要となる．

Ⅲ　製造物責任と製品安全

1.　製造物責任法と製品の欠陥

　製品に欠陥があり，それを通常の用法で使用しているユーザに健康上，あるいは経済上の被害が発生した場合には，製造者（販売者）は賠償責任を負わなくてはならない．これを製造物責任（product liability；PL）という．ここでいう欠陥とは，そのものの特性，通常予想される用途，用法などに照らして，通常有すべき安全性を欠いていることをいう．ここで通常の使用とは正しい使用とありうる使用とを合わせたものと理解されている（**図13-3**）．一般に以下の欠陥による事故に対して，製造者は責任を負わなくてはならない．

1）設計の欠陥

　電気機器の回路設計に欠陥があり，基盤が発熱，発火して火災となったなどという場合はもとより，人間工学上の設計配慮がなされていない場合も含まれる．たとえば以下のようなものが考えられる．

　①うっかり身体が触れただけで電気調理器のスイッチが入り火災になった．

　②回転体にガードがなく，指を巻き込まれて切断した．

　③機械のボタン配置が適切ではなく，ボタンを押し間違えて事故を起こした．

　いずれも本人の不注意として終わらせるべきものではなく，使いにくい，不

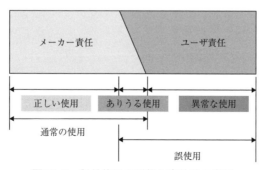

図13-3　製品使用の形態と事故時の責任

安全な機械であることが重大な問題（欠陥）となる．

2）製造の欠陥

製造工程に問題があり，食品や医薬品に不純物が混入した，製品の部品の取りつけが適切でなく，使用中にその部品が外れて事故になったなどという場合である．

3）表示の欠陥

取扱い説明書，注意書きなどによって，適正な使用法やその製品のもつ潜在的危険性が正しくユーザに伝達されていない場合である．適正な使用法とは，たとえば医薬品の正しい服用のしかたなどであり，潜在的危険性とは，たとえばトイレの洗剤が使用のしかたによっては塩素を発生し中毒のおそれのある場合や，電気暖房器具の低温火傷などといったことである．

適正な使用法や潜在的危険性が，説明書や製品本体に示されていなかった場合はもとより，示されていても文字が小さく，ユーザが気づかない，読みにくい，外国語や専門用語で意味がわからない，誤解を招くあいまいな書き方であるなどの場合にも表示に欠陥があるとみなされる．また以下のような場合に表示をつけたとしても，これにより製造物責任対策をとったことにはならない．

①設計・製造で危険を排除できるにもかかわらず，何の対策もとらずに漫然と表示により注意を促している場合．たとえば回転体に安全ガードをつけられるにもかかわらず，"巻き込み注意"と表示しても，そのような表示は無効である．

②できない相談．たとえば幼児用玩具に"放り投げないこと"と書いても無効である（子どもは表示を読めないし，言い聞かせたところで守るわけもない）．

2. 製品安全とリスクアセスメント

事故はものの不安全状態に，使い手の不安全行為が重なったときに起こる．そこで事故をなくすためには，ものの不安全状態をなくすか，使い手に正しい使い方を促すか，いずれかとなる．

製品に内包される危険源となりえることをハザードという．たとえば電気製品であれば，電気がハザードである．ハザードが大きい（ひどい）ほど危ない．

たとえば，1.5 V に比べて100 V のほうが危ない．さらに，そのハザードが発生したり，接触，遭遇するほど危ない．たとえば，通電時間が長いほうが危ない．充電部が絶縁されていないほど危ない．充電部に接近する機会が多いほど危ない．

　つまり，危なさは，ハザードのひどさと，それへの接触可能性とのある種の積により説明できる．これをリスクという．

$$リスク＝ハザードのひどさ × \begin{array}{c}そのハザードの\\ 発生・遭遇・接触の可能性（確率）\end{array}$$

したがって，製品を安全にするには，以下の対策を講じる必要がある．

1）ハザードへの働きかけ

①ハザードの除去：電気を使わない製品とする．

②ハザードの緩和：低電圧，低電流で動く製品とする．

2）発生可能性への働きかけ

③ハザードの隔離：絶縁テープでしっかり覆う．

④ハザードの制御：人が接近していないことを検知して通電する．

⑤注意の喚起：利用者に注意を促す．

　①～④は，ものの不安全状態をなくすことに，⑤は使い手の不安全行為をなくすことに相当する．なお，①から⑤の順に，安全に対する効力が低下することは直観的にわかると思う．利用者の注意については，本人の"うっかり"により簡単に破られてしまう．したがって，軽微なリスクへの対応に限られる．

　一般に絶対に安全な製品はつくれるものではなく，何らかのリスクは残存する．これを残留リスクという．残留リスクについては，警告表示や取扱説明書などでユーザに伝達し，正しい使い方を促す必要がある．

　なお，発売後も市場での状況を長期に渡り観察（モニタ）し，経年劣化に関する情報を提供したり，万一予想外の重大な欠陥が見つかったときには，迅速に製品リコールを行う．

　上記の考え方をふまえた製品安全へのプロセスを**図13-4**に示す．

3．フールプルーフの設計原則

　ヒューマンエラーによる事故を防ぐためには，エラーを起こさないよう，製

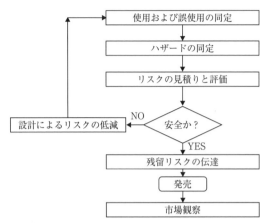

図13-4　リスクアセスメントおよびリスク低減の反復プロセス

図13-5　火災報知器の押しボタン
　　　　　　うっかり押さないよう壁に埋め込ま
　　　　　　れ，ガラスのカバーがついている．

品を使いやすくすると同時に，仮にエラーを起こしても事故へとつながらない
ようにすることも有益である．その一つのテクニックとして，フールプルーフ
（fool proof）の設計がある．ハザードの隔離・制御対策に位置づけられる．

　以下に具体的な例を示す．

1）偶発的な起動を避ける

　オペレータがうっかりスイッチに手をついて押してしまわないように，わざ
と使いにくくする．たとえばスイッチを，①埋め込む，②カバーをつける，③
押しにくいところへ設置する．

図13-6　風呂場の温水混合水栓
　　　　　水栓中央の赤いボタンを押し込
　　　　　まないと40℃以上の温水を出せ
　　　　　ない.

　火災報知器の起動ボタン（**図13-5**）は壁に埋め込んだようになっており，ガラスのカバーがついている．これにより壁にもたれたり，つまずいて手をついてしまっても，スイッチを押してしまわないようにしているのである．

2）一定の手続きを踏まないと作動しない

　パソコンでは，ファイル削除をする際に，システムが必ず"削除してよろしいですか？"とユーザに尋ねてくる．ユーザが確認キーを押さないかぎり削除は実行されない．

　自動車ではシフトレバーをNかPに入れないとエンジンが起動しないことや，風呂場の温水混合水栓では，赤いボタンを押し込まないと40℃以上の温水を出せないことがそうである（**図13-6**）．

　プレス機では右手，左手のおのおので同時に2つのスイッチを押さないと作動しないものがある．これにより，手がプレス機の危険部分から確実に離れていないとプレス機は作動しないことになる．

3）安全状態が検出されないかぎり作動しない

　脱水機のふたが開いている状態，電子レンジの扉が開いている状態で，これらが作動すると大変危険である．そこで扉が閉まっているという安全条件が整わないと作動しないようにしておく．プレス機で金型前面に光電管をつけておき，この光をセンサが受光，検知しないかぎりプレス機は作動しない（**図13-7**）．このような，ある安全状態が整わないと作動できなくする仕組みのことをインターロック（interlock）といい，なかでも安全状態が検出されないかぎり機器が起動しない仕組みのことを，安全検出型システムという．

図13-7　光電管式安全装置
金型前面に光電管から光ビームが発射され
ており，これを遮るとプレス機は直ちに停
止する．

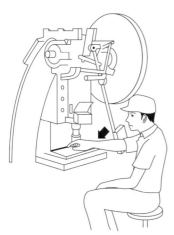

図13-8　手ばらい
ハンマーが降りてくると同時に矢印の方向
に棒が金型前面を横切り，手を伸ばしてい
るとはじきとばされる．

4) 危険な状態から隔離，強制排除する

　小型プレス機で，金型部に手を伸ばしているときにハンマーが降りてきたら
手が押しつぶされてしまう．そこでハンマーに連動して金型前面部を横切る棒
（手ばらい，**図13-8**）を設置しておく．あるいはハンマーが降りると手を引く
ワイヤ（手びき，**図13-9**）を手に結んでおく．これによりハンマー下降時に
手は強制的に金型部から排除される．

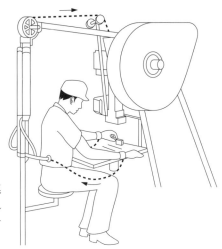

図13-9　手びき
　ハンマーが降りてくると，連
動したワイヤが後方に引かれ
る．これを手首に結んでおけ
ば手が後方へ引き戻される．

5）危険状態が一定時間続くと自動停止する

　電卓は3分間操作しないとオフになる．石油ファンヒーターは3時間たつと
自動的に消火する．

6）特定のユーザの不適切な使用を排除する

　子ども用のシロップ薬は，ふたを押して，強くねじらないと開かない．子ど
もには複合動作（押してねじる）が難しく，また，子どもの力では開かないの
で，子どもが勝手に飲まないようにしているのである．こうした仕組みをチャ
イルドプルーフ（childproof），またはチャイルドレジスタント（child
resistant）という．チャイルドプルーフを含め，いたずら行為を避ける機構を
タンパープルーフ（tamper proof）という．また，電気製品などでは，自分で
直そうとする素人修理を避けるために，特殊工具でなくては機構部を開けられ
ないものがある．これをオネストプルーフ（honest proof）という．

問　題

(1) 異常時への対応：フェイルセーフの例にどのようなものがあるか．

(2) 冗長設計，多重防護設計の例を調べよ．

(3) 製造物責任法の全文を読み，人間工学との関係を考察せよ．

(4) PL：消費者庁のホムームページなどにより製品の誤使用にかかわる事故
例を集め，人間工学の立場から検討せよ．

(5) 製品安全：身のまわりの製品を一つ取り上げ，リスクアセスメントを行
え．

(6) フールプルーフの設計原則：フールプルーフの設計例を調査せよ．ま
た，もしフールプルーフでなければどのような問題が生じるか考察せよ．

14章

人間工学の技法

　人間工学に基づいて機械を設計したり，製品評価をしようとするときに，既存の人間工学データをそのまま使える可能性は必ずしも高いとはいえない．こうした場合には自ら調査，実験を行って適切なデータを得なければならない．データを得るためには，農夫にすきやくわが必要なように，適切な人間工学の技法が必要となる．

　本章では人間工学において一般的に用いられる技法について，その基本，要点を示す．設計対象，調査対象にあった技法を選択し，改良し，また新たな技法を開発して調査，実験にあたることが重要である．

Ⅰ　身体・姿勢・動作の計測

　身体・姿勢・動作の計測は人間工学の基本といわれている．

1. 人体計測

　人体計測（身体計測）では，人間の身体各部の寸法（長さ，幅，太さ，厚さなど）を測定する．計測点はJIS Z8500（人間工学-設計のための基本人体測定項目）に細かく標準化されている（**図14-1**）．実際に人体計測を行う場合には，目的に応じて必要箇所のみを測定すればよい．

　なお主な計測点の測定値については公表されている．

　方法：マルチン式人体計測法を用いるのが最も一般的であり，公表されている他のデータとの比較も行いやすい．目的によっては身長計，体重計，巻き尺，直定規などを用いて簡略化することもできる．測定時には計測点，計測時の姿勢（たとえばウエストは立位と座位とでは異なる）など，測定条件を統制

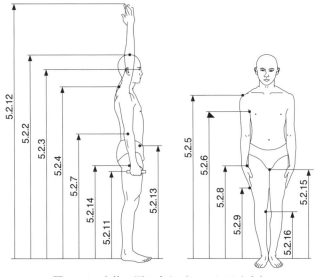

図14-1 立位で測る高さ（JIS Z8500より）

しなくてはならない．また測定対象者数，年齢などの属性についても配慮が必要である．

2. 姿勢計測

　作業時の姿勢を測定する．設計対象に応じて適切な測定項目を決めればよい．身体部位に加え関節のなす角度，マン－マシンインタフェースと身体部位との距離など，作業姿勢と密接な項目も測定する．

　図14-2はワードプロセッサのワークステーション改良を目的としたときの測定項目例である．

　方法：距離，長さについてはマルチン式人体計測器，直定規，巻き尺または糸が多く用いられる．角度については**図14-3**に示す勾配計が便利である．またある程度の誤差を認めるのであれば，作業姿勢と平行にカメラを設置して撮影し，写真上で計測することもある．撮影時に定規など，基準の長さ，角度となるものを写し込んでおくとよい．

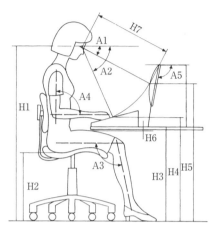

図14-2　ワードプロセッサオペレータの姿勢計測の一例
Ｈ１：眼高，Ｈ２：座面高，Ｈ３：机の高さ，Ｈ４：キーボード
中央（ホームポジション）の高さ，Ｈ５：ＣＲＴ中央の高さ，
Ｈ６：大腿部と机とのクリアランス，Ｈ７：視距離，Ａ１：ＣＲＴ
注視時の視線の傾き，Ａ２：キーボード注視時の視線の傾き，
Ａ３：膝のなす角，Ａ４：肘のなす角，Ａ５：ＣＲＴの傾き

図14-3　勾配計
　　レベルメータ，スラントルーラーとも
　　いう．

3. 動作計測

人体計測，姿勢計測が静止状態での測定であるのに対して，動作計測では作業中の動いている状態を観察する．そこで動的身体計測（dynamic anthropometric）ともいわれる．

機器や装置を使用しているときの動作や姿勢を分析し，使いやすさを評価したり，スポーツや技能作業のスキル評価を行うなどに用いられている．

方法：ビデオで撮影した動作を観察するほか，マーカーを身体に貼りつけ動作を撮影し解析する光学式，磁気センサを利用した磁気式などのモーションキャプチャ技術がある．身体部位の動作軌跡，動作速度，加速度，関節角度の変化の解析や，動作部位を線で結び体の動きを可視化するスティクピクチャ表現，動作変化とともに筋電図を同時に評価するなどの，さまざまな技術がある（**図14-4**）．また観察された動作や姿勢について，負担の観点から評価するための基準として，代表的なものにOvako working posture analysis system（OWAS法）がある．

図14-5は，コンベアラインを流れてくる部品を左手で取り，目視検査の後に，不良品であれば右手で必要な措置をし，コンベアに戻す作業において，左右の手の動作軌跡を上方からビデオ撮影し，分析したものである．ビデオカメラはコンベア上方に設置し，作業状況を真上から撮影した．録画時にビデオタイマを用いて画面上に経過時間を写し込んでいる．また右手先，左手先にはLEDを点灯させた（**図14-6**）．

この分析の結果，左手はコンベアと平行に激しく動くのに対し，右手はコンベアを横切る方向にたまにしか動かされていないことが明らかとなり，動作のアンバランスが指摘された．また右手，左手とも最大作業域を超える動作が行われることが明らかとなった．

4. マネキン

装置の設計などにおいて，人間の動作模型を作製し，設計図や縮尺模型上で人間との適合性を評価する．**図14-7**のような紙でつくった2次元マネキンや，木製のモデル人形が古くから用いられてきた．

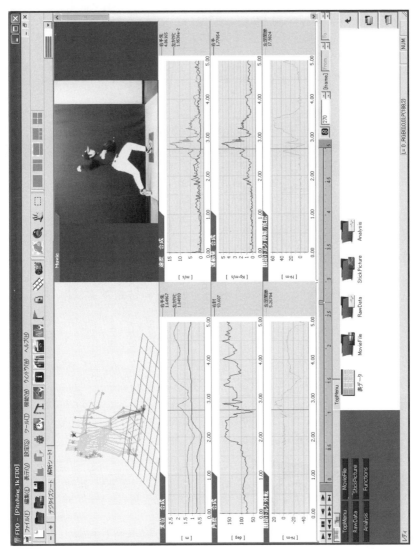

図14-4　モーションキャプチャによる記録例（ディケイエイチ社製）

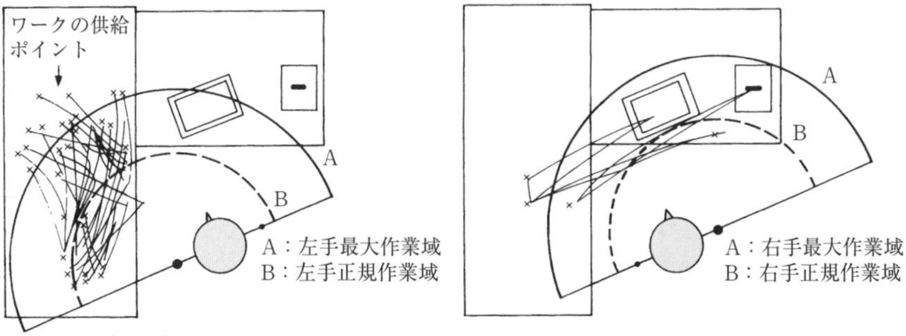
ワークの供給
ポイント
A
B
A：左手最大作業域
B：左手正規作業域
A
B
A：右手最大作業域
B：右手正規作業域

（a）左手の動作経路　　（b）右手の動作経路

図14-5　コンベア作業での右手・左手の動作経路分析の一例
（小松原明哲：時系変化の把握．自動化技術16(2)，1983より）

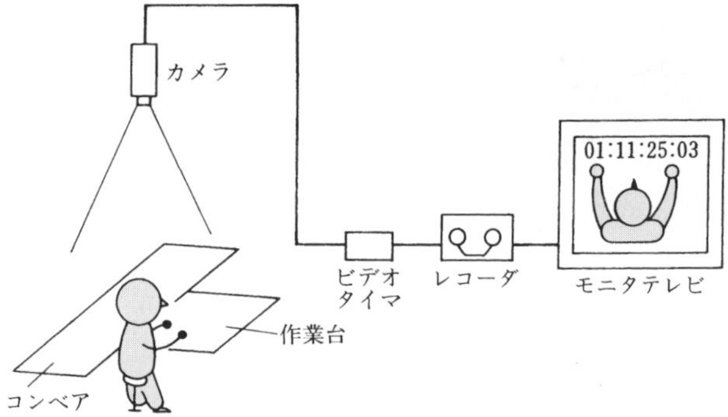
カメラ
01:11:25:03
ビデオ
タイマ
レコーダ
モニタテレビ
作業台
コンベア

図14-6　作業ステーションの改善（カメラの設定方法）

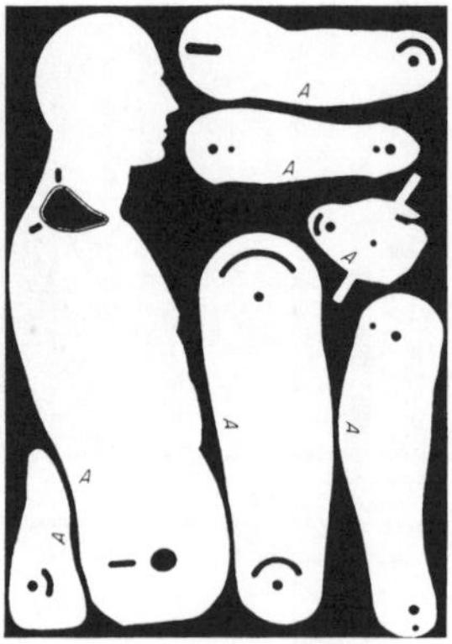

図14-7　2次元人体マネキン
（W. T. Dempster: Space requirements of the seated operator, USAF, WADC, TR 55-159, 1955より）

　近年はコンピュータ上に仮想の人間（コンピュータマネキン）を生成し，CAD上で製品との適合性を評価することが一般的であり，自動車の乗降性や住宅設備機器の使いやすさの評価などに用いられている．このための仮想人間のことをデジタルヒューマンといい，単に動作を行うだけではなく，その動作を行う際の身体負担，動作時間などさまざまな側面が評価される．

Ⅱ　作業分析

　機械のオペレーション手順，作業順序，操作順序などを分析し，作業者が何をやっているかを知ることも，人間工学の基本である．

1. タスク分析（task analysis）

　ある目的を達するためには，一定の手順で行為をしなくてはならない．行為は，行程，作業，動作と細分化される（**図14-8**）．これを階層化タスク分析（hierarchy task analysis；HTA）という．動作に手間取ったり失敗すると，作業と行程はうまく達成されず，したがって目的もスムーズに達せられない．

　動作の"やりやすさ"は，動作対象物（インターフェイス）の"使いやすさ"と密接な関係がある．この関係を分析することで，そのタスクにおける

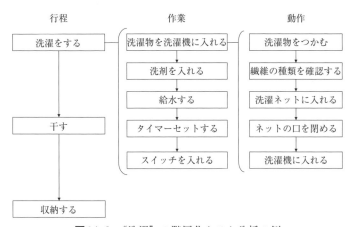

図14-8　"洗濯"の階層化タスク分析の例

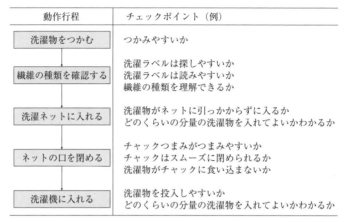

動作行程	チェックポイント（例）
洗濯物をつかむ	つかみやすいか
繊維の種類を確認する	洗濯ラベルは探しやすいか 洗濯ラベルは読みやすいか 繊維の種類を理解できるか
洗濯ネットに入れる	洗濯物がネットに引っかからずに入るか どのくらいの分量の洗濯物を入れてよいかわかるか
ネットの口を閉める	チャックつまみがつまみやすいか チャックはスムーズに閉められるか 洗濯物がチャックに食い込まないか
洗濯機に入れる	洗濯物を投入しやすいか どのくらいの分量の洗濯物を入れてよいかわかるか

図14-9　"洗濯物を洗濯機に入れる"際のユーザビリティチェックポイント

"使いやすさ（ユーザビリティ）"のチェック項目が得られる（**図14-9**）．また動作工程の各時間をkey-stroke level modelやPTS法により求め合計することで，作業時間を予測することができる．

2. 動作分析

　作業や動作を観察し，その手順を記号列によって表現することは，インダストリアルエンジニアリングにおいて古くから行われ，多くの表現方法が発表されている．たとえば**表14-1**はJISの工程分析基本記号，**表14-2**はサーブリッグ記号（therbligs），**表14-3**はモダプツ（MODAPTS）法の分析記号である．モダプツ法はPTS（predetermined time standards）法の一種で，ある動作の平均動作時間はほぼ一定であることを利用して，動作に要する所要時間を見積もることもできる．モダプツ分析の一例を**表14-4**に示した．

　このような分析手法は数多く発表されているが，作業内容や要求される分析の詳細度によって適当なものを用いる．

　分析した結果は，たとえば**表14-5**のようなチェックリストによって評価するのが一般的である．

　方法：作業動作を観察し分析する．動画撮影を併用するのもよいが，慣れると観察しただけで分析できるようになる．

表14-1　工程分析基本記号（JIS Z8206）

番号	要素工程	記号の名称	記号	意　味	備　考
1	加工	加　工	○	原料，材料，部品または製品の形状，性質に変化を与える過程を表す	
2	運搬	運　搬	○	原料，材料，部品または製品の位置に変化を与える過程を表す	運搬記号の直径は加工記号の直径の1/2〜1/3とする 記号○の代わりに記号⇨を用いてもよい．ただしこの記号は運搬の方向を意味しない
3	停滞	貯　蔵	▽	原料，材料，部品または製品を計画により貯えている過程を表す	
4		滞　留	D	原料，材料，部品または製品が計画に反して滞っている状態を表す	
5	検査	数量検査	□	原料，材料，部品または製品の量または個数を計って，その結果を基準と比較して差異を知る過程を表す	
6		品質検査	◇	原料，材料，部品または製品の品質特性を試験し，その結果を基準と比較してロットの合格，不合格または個品の良，不良を判定する過程を表す	

表14-2　サーブリッグ記号の分類

類別	動作要素	略号	記号	類別	動作要素	略号	記号
第1類	空手移動	TE	⌣	第2類	探　　す	SH	⊂⊃
	つ か む	G	∩		選　　ぶ	ST	→
	運　　ぶ	TL	⌣⊃		位置を決める	P	9
	組み合わせ	A	#		考　え　る	PN	⨖
	分解する	DA	++		向きを変える	PP	8
	使用する	U	U	第3類	保持する	H	⋂
	放　　す	RL	⌢		避けえぬ遅れ	UD	⋀
	調べ　る	I	◊		避けうる遅れ	AD	⌐
					休　　む	R	⅃

第1類：仕事を行ううえで必要となる動作．
第2類：第1類の付属的な動作．時間を遅らせるように作用するもの．
第3類：非作業．仕事を行っていない状態を表す．

表14-3　モダプツ記号

基本動作 (上肢動作)	移動動作：指（M1），手（M2），前腕（M3），上腕（M4），肩（M5） 終局動作──┬──つかむ：接触（G0），簡単なつかみ（G1）， 　　　　　　　　　　　　　　　複雑なつかみ（G3） 　　　　　　└──お　く：簡単におく（P0），注意が必要（P2）， 　　　　　　　　　　　　　　　相当の注意が必要（P5）
体の動作 (下肢・胴体動作)	足（ペダル動作）（F3） 歩行（体の水平移動）（W5）
補助動作	体を曲げ，起き上がる（体の垂直移動，往復動作）（B17） 椅子に座って立つ，またはこの逆動作（往復動作）（S30） つかみ直し（R2） クランク動作（C4） 押す（A4） 眼の使用（E2） 単純な判断と反応（D3） 重量要素（2kg以上4kgごとにおく動作の時間値を補正する）（L1）

記号の数字が時間値（単位MOD）を示す（1 MOD = 0.129秒）.
（日本モダプツ協会のご厚意により掲載）

表14-4　モダプツ分析の例

動　　作	記　号	時間値（MOD）
椅子から立ち上がる	S30	30
10歩歩く	W5×10	50
右手を伸ばしてボタンを押す	M2 G0	2
メータを確認	E2×2	4
10歩歩いて椅子へ戻り座る	W5×10	50
	合　　計	136（約17.5秒）

3. 判断を伴う動作作業の分析

　機器操作における確認，判断，情報授受などのインタラクションを表現した例を図14-10，表14-6に示す．時間軸をもち，経過時間とともに記録される．
　方法：作業動作をビデオ収録し，分析するのがよい．すなわち作業動作がよ

表14-5　動作のチェックリスト（動作経済の原則より）

- ●動作の距離はもっと短くできないか？
- ●腕よりも手，手よりも指と，より小さな動作が有効に使用されているか？
- ●足が作業の一部に利用されているか？
- ●両手は同時に対称方向に動き，同時に終わるようになっているか？
  その他，両手は常に動かすように使われているか？
- ●動作の方向は円滑か？
  急な方向転換はないか？
  ジグザグな動作はないか？
- ●動作はリズミカルに行われているか？
  動作の習慣づけが行われているか？
- ●動作は垂直・水平の最大作業域内で行われているか？
- ●工具の結合や機械をうまく利用して努力を最小化しているか？
- ●作業者は常に同じ作業をしているか？

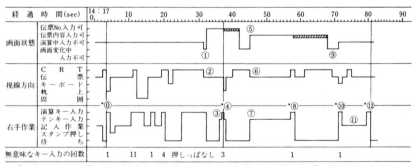

⓪：伝票処理終了，①：患者番号入力可能，②：患者番号確認，③：患者番号入力，④：患者番号入力終了，
⑤：診療コード入力可能，⑥：診療コード確認，⑦：診療コード入力，⑧：診療コード入力終了，
⑨：画面変化，⑩：確認，⑪：転記，⑫：伝票処理終了
注　右手演算キー入力では＊印のときに演算キーを1回押せば十分である．

図14-10　伝票処理VDTオペレータの作業行動（小松原）

くわかる方向からビデオタイマを併用して撮影し，後にスロー再生して経過時間とともに分析する．なお一般に判断などの認知活動は外見上は明らかにはならないので，後に収録した動画を作業者に見せて説明を求めたり，後述するプロトコル解析を用いるのがよい．

表14-6　作業に必要な機能チェック表（横溝）

要素作業番号	所要時間（単位：秒）	機能／作業内容	上肢														胴			下肢				感覚・言語					備考
			使用部位					動き			筋力		特質				動き			動き				眼		耳・口			
			親指	人さし指	他の指	手のひら	両手協応	手首から先	肘から先	肩から先	握力	腕力	器用さ	素早さ	熟練	皮膚感覚	腰の屈伸	胴のひねり	前かがみ	足首	膝の屈伸	歩行	昇降	視力	色覚	聴力	運動平衡	言語	
1																													
2																													
3																													
4																													
5																													
6																													
7																													
8																													
9																													
10																													

4. 注視点分析

　自動車運転など視覚を通じて重要な情報を得る作業では，作業者がどこの何を見ているかを分析することはきわめて重要となる．たとえば野呂は，視覚検査において眼球の運動パターンを分析し，見逃しについての検討をしている（**図14-11**）．

　方法：以下の3つの方法がある．

　①作業者の頭の向き，顔の向きがわかるようにビデオ撮影をし，何を見ているかを推定する方法．前項で述べた**図14-10**が相当する．作業内容，注視対象があらかじめ決まっている場合はかなりの部分が推定できる．

　②眼振図（electrooculogram；EOG）により眼球運動から何を見ているかを推定する方法．眼球のもつ電位差を誘導・増幅し，眼振図を描かせる．生体現象増幅器（ポリグラフ）を用い，**図14-12**に示したように電極を貼付し誘導する．①と同様，注視対象があらかじめ決まっている場合にはかなりの部分が推定でき，また注視時間も分析できる．なお生体現象増幅器については後述する．**図14-13**に読書時の左右方向EOGの記録例を示す．

　③アイカメラ（眼球運動測定装置）を用いる方法．角膜突出部に光線をあ

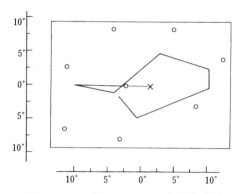

図14-11　アイカメラによる注視点分析
×印からスタートし，8個の指標（○印）を検査したとき
の視線の動きを示している.
（野呂影勇：官能検査ガイドブック，日本規格協会，1987より）

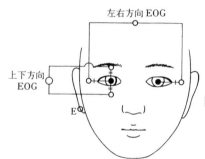

図14-12　EOG電極の位置
　　　　　無限遠を見たときの瞳孔の上下，左
　　　　　右に，垂直・水平に，瞳孔から等距
　　　　　離に張りつける.

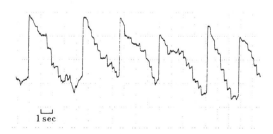

図14-13　読書時のEOGの記録例（上方：左）
大きな段差は改行時のサッケード，階段状の
各ステップは単語への停留を示している.

図14-14　眼球運動測定装置とコントローラー（ナック社製）

て，その反射光をとらえて注視点を記録する．同時に，視野に入った光景を超小型ビデオカメラでとらえ，その光景上に反射光を重ね合わせて動画収録する方法である．専用のアイカメラが開発されている．その例を図14-14に示した．注視点が視野内光景上に＋印により表示されるので，何を見ているかを正確に分析することができる．

5. プロトコル解析

　人間の知的活動のプロセスを解析するための方法で，情報機器のユーザビリティ評価などで用いられる．被験者に課題を与え，これを被験者に声を出させながら解かせたり（同時報告），課題解決後にその処理プロセスを報告させる（回顧報告）．この声を記録し，時系列的に整理することで，被験者がどのような思考ステップをとって課題を解決したのかを明らかにすることができる．たとえば"2, 4, □, 16, 32"という数列の空白を埋めよという課題に対して，ある被験者の声を分析すると以下のようであった．

　①4は2の2倍，32は16の2倍だ．

　②すると□は4の2倍の8かな？

　③8の2倍は16だから矛盾しないな．だから□は8だ．

すなわち被験者は最初に倍数関係を発見し，それにより仮説を立て，さらに

その仮説を検証していることがわかる.

　方法：被験者の声を録音し，再生・分析する．ユーザビリティ評価において
は操作や機器の状態も同時に録画しておく．なお被験者に声を出させながら課
題解決させるには事前の練習が必要となる.

Ⅲ　生体負担の評価

　人間に対して外界から加わる刺激を負荷，これに応じて生体の受ける影響を
負担，さらに負担が時間的に蓄積して回復に時間がかかるようになった状態を
疲労という．負担を生理的客観指標によって評価する方法としては，汎適応症
候群の状態をモニタする方法，活動している身体部位から発射される生体電気
現象をモニタする方法などがある．疲労については簡単に用いられるものとし
てフリッカー値などがある．これらの測定結果は個人差が大きく，負担，疲労
の程度と指標の変動との間に必ずしも直線関係が保証されるものばかりとはか
ぎらない．そこで同一個人内での負担，疲労の大小比較や，大まかな傾向を知
るために用いる場合も多い.

1.　心拍数（脈拍数）（heart rate；HR）

　心拍数は動的身体活動を行うと，動作強度に応じて増加する．そこで，異な
る複数の作業条件における動作強度の比較，評価などに利用できる．また心拍
数は精神的緊張，精神的圧迫，切迫感を抱いたときにも増加する．そこで，情
報スピードの評価，異なる複数の機械の操作時の精神的緊張度も比較評価でき
る．ただし身体動作が大きい場合には，心拍数の増加が身体的要因によるもの
か精神的要因によるものか判別がつかなくなってくる.

　方法：ポリグラフ（**図14-15**），あるいは心電計によって心電図（electro-
cardiogram；ECG）を誘導し，単位時間または単位作業中の心電図のRスパ
イクをカウントする．胸部上の心軸方向に電極を設定するとRスパイクが強調
された心電波形となる（**図14-16**）．後述する瞬時心拍数の負荷期間中の平均
値を求めてもよい．スマートウォッチなどによって脈拍数を測定すると簡便で
ある．なお，ポリグラフは生体の異なる部分間の電位差を増幅し，時系列に観

図14-15 ポリグラフシステム
（ゼロシーセブン社製）

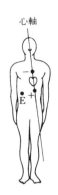

図14-16 Rスパイクが強調される電極位置
アースEはじゃまにならない身体位置に設定
する.

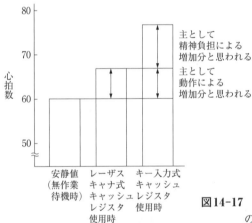

図14-17 新任レジスタオペレータの作業中
の心拍数測定結果

察する装置である.

　図14-17はスーパーマーケットの新任キャッシュレジスタオペレータの心拍
数を測定した結果である. ほぼ同じ操作動作を行っているにもかかわらず,
キー入力方式レジスタのほうがレーザスキャナ方式に比べ, 高い心拍数を示し
た. この違いは, キー入力方式では "値札を見る", "キーを正しく操作する"
などの確認動作が, 不慣れなオペレータに高い精神的負担をかけているものと

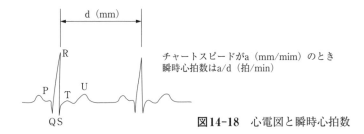

チャートスピードがa（mm/mim）のとき
瞬時心拍数はa/d（拍/min）

図14-18　心電図と瞬時心拍数

考察される.

2. 瞬時心拍数

　瞬時心拍数とは心拍の1拍動ごとの間隔を1分間当たりの心拍数に換算したものである.

　心拍数は吸息時に増加し，吐息時には減少する．これを呼吸性不整脈という．後述するように精神活動時には呼吸が抑制されるので，呼吸性不整脈は弱まる．したがって瞬時心拍数を拍動ごとに測定し，その時系列変化を調べると，精神活動時には変動（分散）は小さくなる．呼吸性不整脈は子どもでは出やすいが，成人では出にくくなり，個人差も大きい.

　方法：ECGを記録し，Rスパイク間隔を医用計算機，パーソナルコンピュータなどを使って自動計測する（**図14-18**).

3. 呼吸数（respiration rate）

　比較的全身的な動作を行った場合には酸素消費量の増加に伴って呼吸は深く，多くなる．一方，精神活動時には，俗に"息を殺す"という表現があるように，呼吸は浅く，呼吸回数は増加する．この反応は個人差はあるものの非常に鋭敏で，安静閉眼中に何かを考えただけでも変化する.

　図14-19はパーソナルコンピュータを使って計算作業を行っている作業者の呼吸数を測定したものであるが，作業開始と同時に呼吸数が急増しており，精神的集中がなされたことがわかる.

　方法：鼻孔にサーミスタ呼吸センサを貼付し，あるいは胸にセンサバンドを巻き，ポリグラフなどにより記録する.

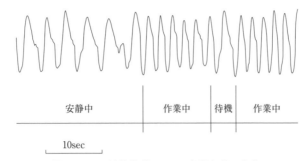

| 安静中 | 作業中 | 待機 | 作業中 |

├── 10sec

図14-19 計算作業による呼吸波形の変化

用意　　　　スタート　　　　誤り　　　ストップ

図14-20 通電法によるGSR波形
（斉藤正男，他：医用電子工学概論，講談社，1979より）

4. 手掌部電気抵抗（galvanic skin resistance；GSR）

　俗に"手に汗にぎる"という表現があるように，精神的・情動的に緊張，動揺したときには，手掌部が発汗し，電気抵抗が低下する．これにより緊張，動揺をチェックする．**図14-20**は，鏡に図形を映して左右逆にした図形（鏡像）を描写させたときのGSR波形である．R波とS波の波高比S/Rは動機の存在に大きく関連しているといわれている[*]．

　方法：手掌部を清潔にしたうえで，中指・薬指または中指・手掌に電極を貼付し，両電極間に$100\,\mu$A以下の直流電流を流して電気抵抗を調べる．GSR計を用いるとよい．個人差，測定環境差（温度差）も大きく，また長時間測定すると電極糊が変性することがあるので注意を要する．

　このような通電による方法とは別に，2点間の電位差を測定する方法もある．これを皮膚電位活動（skin potential activity；SPA）という．

---

[*]福本一郎：生理学的データに基づく動機推定の試み．人間工学（463），1978．

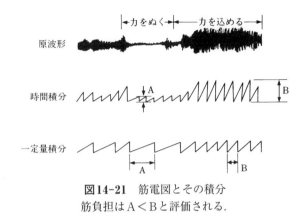

図14-21　筋電図とその積分
筋負担はＡ＜Ｂと評価される.

5. 筋電図 (electromyogram；EMG)

　筋肉は収縮した際に微弱な活動電位を発生するので，これを皮膚面から誘導
し増幅することにより筋電図が得られる．より大きい負荷がかかった場合，筋
収縮が増大し，動員される筋細胞の数が増えるので，筋電図の振幅は増大す
る．そこで筋電図の振幅から筋負担の大小を推定することができる．なお筋電
図を時間積分して単位時間当たりの総放電量を比較するか，あるいは一定の総
放電量に至った時間を比較する筋積分を行ったほうが検討しやすい場合もあ
る（**図14-21**）．また筋疲労すると筋電図は徐波化することから，筋電図を周
波数分析して筋疲労について評価することもある.

　方法：一般に，測定対象筋線維の走方向に表面電極を1～3cmの距離をおい
て貼付し，ポリグラフを用いて誘導する．電極の位置がずれると誘導される筋
電図も異なってくるので，電極の位置は厳密に固定する．異なる筋肉（たとえ
ば手と足のような）間の筋電図比較や，異なる被験者間の比較は筋肉量が異な
るため意味がない.

6. 脳波 (electroencephalograph；EEG)

　精神活動により，脳は常に微弱な活動電位を発生している．これを頭骨，頭
皮上から誘導し増幅することによって脳波を得る．一般に，その周期と覚醒状

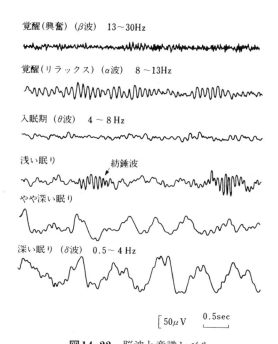

覚醒(興奮)(β波)　13～30Hz

覚醒(リラックス)(α波)　8～13Hz

入眠期(θ波)　4～8Hz

浅い眠り　　　　紡錘波

やや深い眠り

深い眠り(δ波)　0.5～4Hz

$\left[50\mu V\right.$　$\dfrac{0.5sec}{}$

図14-22　脳波と意識レベル
（人間工学教育研究会編：人間工学入門，日刊工業新聞社，1983より）

態との間には**図14-22**に示す関係があるので，得られた波形から覚醒水準を評価することができる．また精神的に集中すると前頭部にθ波が見られることがあり（Fmθ），集中状態の評価に用いられることもある．他に，脳波については周波数分析を行って評価する方法，刺激に対して加算平均をとる誘発脳波により評価する方法などもある．

　方法：頭皮上に電極を貼付し，脳波計あるいはポリグラフを用いて誘導する．電極位置は脳波電極の一般基準（国際10-20法など）から，目的に応じて大脳皮質の機能領域を考えて選択すればよい．覚醒水準を評価する場合は頭頂から後頭にかけて誘導されることが多い．

7. 二重課題法（dual task method）

　人間が単位時間当たりに処理できる情報には上限があり，これをtotal chan-

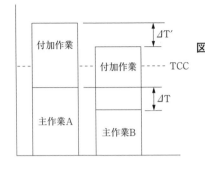

図14-23　二重課題法の説明図（I. D. Brown）
主作業A，BともにTCC以下で行われるため，負担の大きさの違い⊿Tはわからない．そこで双方に同じ大きさの付加作業を与え，付加作業のミスの大きさの違い⊿T′によって⊿Tを推定する．

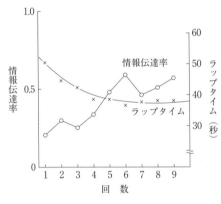

図14-24　原動機付自転車の習熟と情報伝達率の変化（永野，横溝）
周回コースを9回まわったときの各周回のラップタイムと平均情報伝達率を示している．

nel capacity（TCC）と呼ぶ．TCCを上回るスピードで情報が与えられると，上回った分はミス（見逃し）として観察できるが，TCCを下回っている場合はミスとしては観察できない．

　二重課題法では主作業がTCCを下回っている場合に，主作業とは別の聴覚弁別などの作業（付加作業）を同時に行わせ，付加作業のミスの大きさから主作業がTCCに占める大きさを推定しようとしている．**図14-23**にこの方法の考え方を示す．

　二重課題法の適用例としては，自動車運転，航空機操縦，航空管制などにおいて，さまざまな事態における負担の大きさを調べたものがある．**図14-24**は原動機付自転車を初めて運転した者の習熟過程と，聴覚弁別付加作業（低音・高音と連続したら"ハイ"と音声により応答する）の情報伝達率の推移を示し

たものである．習熟が進むにつれて情報伝達率は上昇し，精神的に余裕をもって運転するようになってきたことが示されている．

この方法が適用できるのは，処理すべき主作業が次々と機械側から提示される機械規制型作業（machine-paced）の場合だけである．自己規制型作業（self-paced）では主作業遂行を遅らせて付加作業を処理してしまいがちなので，主作業負担を正しく評価できない．

方法：付加作業として聴覚弁別作業を用いることが多く，pip音（ピッという音）をヘッドフォンなどで聞かせ，以下のような付加課題を与え，フットスイッチなどで応答するよう指示する．

①音が聞こえたら応答する．

②高音・低音を聞かせ，高音（または低音）が聞こえたら応答する．

③高音→低音→高音など特定パターンで音が聞こえたら応答する．

付加作業の難しさは①，②，③の順である．どれを選ぶかは，主作業の難しさ，主作業の短期記憶の使用状態などの特質に応じて選定する．

付加作業の評価は，正答率，誤答率，または情報理論に基づき情報伝達率を用いるのが一般的である．

8. エネルギー代謝

筋肉が収縮するとATP（アデノシン三リン酸）が代謝され，このとき酸素が消費される．したがって呼吸により取り込まれた酸素の量を測定することによって，筋肉の活動状態，すなわち肉体的負担が測定できる．ただし個人により体格が異なるため，単位時間当たりの単位体重，または単位体表面積当たりの酸素消費量に換算して表示する．なお$1l$の酸素消費は5kcalの熱産出に相当するので，単位としては$cal/kg/hr$または$cal/m^2/hr$を用いるのが一般的である．

また欧米ではMET（metabolic equivalents）という単位を用いることもある．1METは50kcal$/m^2/hr$に等しい．わが国では安静代謝量と基礎代謝量によって補正した指標RMR（relative metabolic rate）が用いられることが多い．

$$RMR = \frac{（作業時酸素消費量）－（安静時酸素消費量）}{（基礎代謝時酸素消費量）}$$

表14-7に各種作業時のRMRの測定例を示す．

表14-7　RMRの測定例

	RMR	肉体強度
テレビ, 読書	0.2	軽度
雑談	0.4	
デスクワーク	0.5	
洗濯	1.5	中等度
掃き掃除	2.0	
キュウリの収穫	2.0	
通常歩行	2.8	
田植え	3.6	やや重い
麦刈り	4.1	
テニス	4.1	
遠泳	6.8	重い
階段昇り	10.0	
マラソン	14.3	

（科学技術庁資源局：産業労働のエネル
ギー代謝率, 労働科学研究所, 1960より）

　METもRMRも比較的大きな筋力を要する肉体的動作の評価には有効であ
るが, 軽微な動作（RMR 1未満の動作）については, 測定誤差などを考える
と必ずしも適切な指標とはならない.

　方法：酸素消費量を直接的に測定することは困難なため, 呼気中のCO_2濃度
を呼気ガス分析機により測定する.

9. フリッカー値（critical flicker fusion；CFF）

　点滅光の点滅周期を短くしていくと, ある周期のところで点滅がわからなく
なる. このちらつきの弁別閾値は大脳皮質の活動性と強い関係をもっていると
いわれていることから, ちらつきの弁別閾値によって精神疲労, 覚醒度などを
評価しようとするものである.

　方法：フリッカー値測定器（**図14-25**）を用いる. ちらつきの融合状態から
周期を長くしていき, 点滅を初めに知覚した周期を下降法によるフリッカー
値, 逆に点滅状態から周期を短くしていき, 点滅の消失を知覚したときの周期
を上昇法によるフリッカー値という. 下降法のみ, または上昇法, 下降法の測

図14-25 ポータブルフリッカー計（竹井機器工業製）
左側ののぞき窓からのぞくと，点滅する光点が見える．点滅が消失または出現したと思った瞬間，押しボタンを素早く離す．そのときの光点の点滅周期が本体側面に表示される．

定をそれぞれ行い，その平均値により評価することが多い．

IV　質問紙法と面接調査

意見，印象（イメージ），あるいは自覚疲労感や身体の苦痛，気分などの内的体験，また被質問者の知識などを調べるには，目的に応じた質問紙を質問者が自ら作成しなくてはならないであろう．

1. 質問紙の作成法

質問者が自ら質問紙を作成することを考えて，質問紙法のあらましを示す．

1）質問紙法の種類

質問紙法にはいくつかの回答形式がある．

●自由回答法（図14-26，27）

ある項目に対して自由に回答させる方法で，質問者が予想もしなかったような指摘がなされるなど，メリットが大きい．しかし回答時間がかかるため，回答者が非協力的な場合には，まったく記入されないことがほとんどとなってしまう．集計に手間がかかるため，回答数を指定して尋ねる場合もある．多数の回答が得られた場合には，テキストマイニングによる傾向分析を行うことができる．

●多肢選択法（図14-28）

ある質問項目に対し，考えられる回答をあらかじめ複数個用意しておき，そ

　　あなたはご自分がおもちの自動車に
ついて，どのようにお感じですか．ど
のようなことでも結構ですから，でき
るだけ詳しくお書きください．

図14-26　自由回答法（無制限形式）の例

　　あなたはご自分がおもちの自動車に
ついて，どのようにお感じですか．満
足している点，ご不満の点をそれぞれ
3つずつお書きください．

〈満足している点〉　　〈不満な点〉

1 ＿＿＿＿＿＿　　1 ＿＿＿＿＿＿
2 ＿＿＿＿＿＿　　2 ＿＿＿＿＿＿
3 ＿＿＿＿＿＿　　3 ＿＿＿＿＿＿

図14-27　自由回答法（回答数制限形式）の例

　　このテレビをお買いになった理由は
次のうちどれですか？　次の項目であ
てはまるものすべてに○印をおつけく
ださい．
　　1．価格が手ごろである
　　2．デザインがよい
　　3．店員にすすめられたので
　　　　⁝
　10．その他（　　　　　　　）

図14-28　多肢選択法（無制限選択数形式）の例

　　このテレビをお使いになって，満足
していらっしゃいますか，それともご
不満でしょうか．
　　1．満足である
　　2．不満である
　　3．どちらともいえない

図14-29　賛否法（3件法形式）の例

のなかから一つ，あるいは複数の回答を選択させる方法である．回答に時間が
かからないので回答者の協力が得られやすいこと，また集計がしやすいことな
どのメリットがある．ただし選択肢の表現があいまいであると，同一の選択肢
に対する回答者の理解のしかたが異なってしまうことがある．また選択肢に示
した回答以外の意見が得られにくいというデメリットもある．

　● **賛否法**（図14-29）

　イエス，ノーがはっきりしている質問に対する形式で，あいまいさを許さず，
態度をはっきりさせる2件法形式（イエス，ノーの二者択一）と，あいまいさ

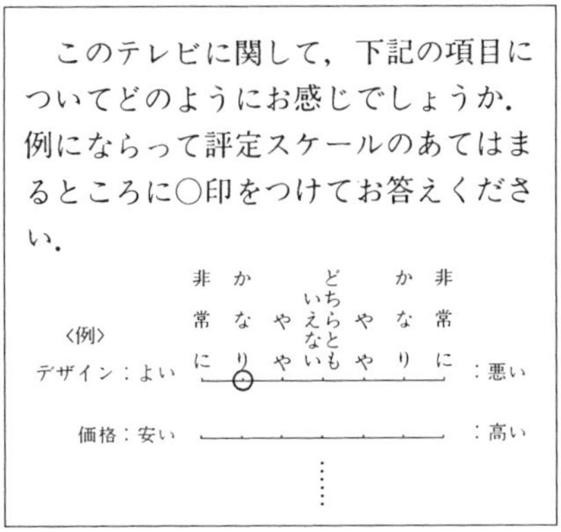

```
　このテレビに関して，下記の項目に
ついてどのようにお感じでしょうか．
例にならって評定スケールのあてはま
るところに○印をつけてお答えくださ
い．

                非  か      ど      か  非
                    い
                常  な  や  ち  や  な  常
                        え  ら  え  と
〈例〉                    な
デザイン：よい  に  り  や  い  も  や  り  に  ：悪い

価格：安い  ─────────────  ：高い
                        ⋮
```

図14-30　評定尺度法（複尺度形式）の例

を許す3件法形式（イエス，ノー，どちらともいえないの三者択一）がある．

●評定尺度法（図14-30）

　ある項目に対する心理的評価を知るための方法で，予想される評価項目の評価を，評定軸上で点数として求めるものである．

　集計がしやすく，結果を点数化できる．また因子分析などの統計処理によって潜在的評定態度を明らかにできる可能性もある．形容詞対によりイメージを尋ねるセマンティックディファレンシャル法がその例といえる．

　評定段階は7段階または5段階，3段階とすることが多い．7段階より段階数を多くしても結果の信頼性は高まらないといわれている．

●図チェック法

　身体疲労や機械の使いにくさなどを尋ねる場合，言葉で示すのではなく，身体や機械の図を示し，該当する部分をチェックさせる方法である．

　後述する身体疲労部位調べがこの例である．回答者のイメージを想起させられる，質問文による誤解を生じさせないなどのメリットがある．

2）質問紙作成の注意点

　林は質問文の作成上の注意点について**表14-8**のように示している．また質問項目の配列については**表14-9**のような指摘をしている．

　質問紙には一般に回答者の属性を尋ねる質問項目，またはフェイスシートをつける．フェイスシートでは質問紙調査の実施目的に応じて回答者の年齢，性別をはじめ，身長や視力などの身体特性を尋ねることもある．

表14-8　質問文の作成上の注意点

(1)　難しい言いまわしを避けて，簡潔な表現を用いる.
(2)　あいまいな表現を避けて，明確な表現を用いる.
(3)　質問に二重の意味が含まれないように，一つの質問では一つのことを尋ねる.
(4)　理解を困難にする否定的表現を避ける.
(5)　特殊な用語や難解な用語を避けて，単純な用語を使用する.
(6)　人によって定義の異なる用語は定義して用いる.
(7)　強度・程度・頻度を示す修飾語や情緒的印象を左右する修飾語は注意して用いる.
(8)　回答者の体面やプライドを傷つけるような語句を用いない.
(9)　尊敬語・謙譲語・丁寧語・美化語・改まった言い方など適切な敬語を用いる.
(10)　誘導質問になるような暗示的な語句を用いない.
(11)　書式・文体・用字・用語，および表記の原則を守る．質問文の作成は，回答
　　形式の決定と並行して進める.

（林　英夫：質問紙の作成，続　有恒，村山英治編，心理学研究法9　質問紙調査，東京大
　学出版会，1975より）

表14-9　質問項目の配置に関する注意点

(1)　導入質問には簡単で容易な質問をあて，複雑で困難な質問は後にまわす.
(2)　知識を問う質問は回答意欲を減退させやすいので，後のほうに配列する.
(3)　個人的（プライベート）なことがらについての質問は最後におく．フェイス
　　シート項目は後のほうに配置するほうがよい場合も多い.
(4)　相互に関連のある質問や同一形式の質問はまとめて出したほうがよい.
(5)　先行の質問が後続の質問の意味に影響を与えたり，誘導質問になったりしな
　　いように配列する.
(6)　一般的な質問を先に，特殊な質問を後に配列する.
(7)　回答の一貫性を検討するための質問は離して配列する.

（林　英夫：質問紙の作成，続　有恒，村山英治編，心理学研究法9　質問紙調査，東京大
　学出版会，1975より）

3)　質問紙法の実施方法

質問紙法の実施方法としては以下の3つが一般的である.

①集合調査：被質問者を1人あるいは数人集め，質問者が立ち会って実施す
　る方法.

②留めおき調査：質問紙を配布（郵送）した後，一定期間後に回収する方法.

③インターネット調査：電子メールにより質問事項を送信し，あるいは質問

項目のwebサイトにアクセスしてもらい，回答を得る方法．回答者はインターネット利用者にかぎられる点に注意が必要である．

2. 既製の質問紙

長年の研究によって慎重に検討，標準化され，一般に広く用いられている質問紙としては以下のものなどがある．

①性格テストなどの心理テスト：Y-Gテスト，MMPIなど

②健康状態などの調査：コーネル大学メディカルテスト

③負担調べ：NASA-TLX

④疲労調べ：日本産業衛生学会式自覚症状調べ

ここでは人間工学に関係の深い疲労調べについて述べる．

1) 自覚症状調べ

日本産業衛生学会産業疲労研究会によって発表されたもので，**図14-31**に示した．作業前の回答状況との比較により，作業後，夜勤後，特別な仕事などにおける産業疲労の調査などに用いられる．

集計方法としては各質問について訴え率を求め，また各群，質問項目全体について平均訴え率も求める．

$$訴え率 = \frac{その項目についての訴え者数（○印の数）}{調査対象者の延べ人数} \times 100 （\%）$$

方法：作業前後，勤務前後，または数日間にわたり同一時刻に実施するなどにより，疲労の蓄積，回復状況を比較検討する．また仕事による疲労感の違いなどを比較検討することもできる．

2) 身体疲労部位調べ

身体各部の苦痛（痛み，こり，だるさなど）を調べる．

作業後，特定の機械使用後などにおいて，身体の受けた筋・骨格系負担を調べることによって，作業姿勢，作業動作の評価を行う．身体の図を示し，苦痛を覚えた部位をチェックさせる．**図14-32**に示す身体疲労部位調べが一般に用いられている．

方法：自覚症状調べと同様，異なる時点，条件下での比較検討を行うのが一般的である．

自覚症しらべ　　　　　　　No.

氏　　名 ＿＿＿＿＿＿＿＿＿＿＿＿＿＿＿＿＿（ 男 ・ 女 ＿＿＿＿歳）

記入日・時刻 ＿＿＿＿月 ＿＿＿＿日　午前・午後 ＿＿＿＿時 ＿＿＿＿分記入

いまのあなたの状態についてお聞きします．つぎのようなことについて，どの程度あてはまります
か．すべての項目について，1「まったくあてはまらない」～5「非常によくあてはまる」までの5
段階のうち，あてはまる番号1つに○をつけてください．

	まったくあてはまらない	わずかにあてはまる	すこしあてはまる	かなりあてはまる	非常によくあてはまる		まったくあてはまらない	わずかにあてはまる	すこしあてはまる	かなりあてはまる	非常によくあてはまる
1 頭がおもい	1	2	3	4	5	14 やる気がとぼしい	1	2	3	4	5
2 いらいらする	1	2	3	4	5	15 不安な感じがする	1	2	3	4	5
3 目がかわく	1	2	3	4	5	16 ものがぼやける	1	2	3	4	5
4 気分がわるい	1	2	3	4	5	17 全身がだるい	1	2	3	4	5
5 おちつかない気分だ	1	2	3	4	5	18 ゆううつな気分だ	1	2	3	4	5
6 頭がいたい	1	2	3	4	5	19 腕がだるい	1	2	3	4	5
7 目がいたい	1	2	3	4	5	20 考えがまとまりにくい	1	2	3	4	5
8 肩がこる	1	2	3	4	5	21 横になりたい	1	2	3	4	5
9 頭がぼんやりする	1	2	3	4	5	22 目がつかれる	1	2	3	4	5
10 あくびがでる	1	2	3	4	5	23 腰がいたい	1	2	3	4	5
11 手や指がいたい	1	2	3	4	5	24 目がしょぼつく	1	2	3	4	5
12 めまいがする	1	2	3	4	5	25 足がだるい	1	2	3	4	5
13 ねむい	1	2	3	4	5						

I群	ねむけ感	ねむい，横になりたい，あくびがでる，やる気がとぼしい，全身がだるい
II群	不安定感	不安な感じがする，ゆううつな気分だ，おちつかない気分だ，いらいらする，考えがまとまりにくい
III群	不快感	頭がいたい，頭がおもい，気分がわるい，頭がぼんやりする，めまいがする
IV群	だるさ感	腕がだるい，腰がいたい，手や指がいたい，足がだるい，肩がこる
V群	ぼやけ感	目がしょぼつく，目がつかれる，目がいたい，目がかわく，ものがぼやける

図14-31　自覚疲労症状調べ調査票（上）と評価用群別項目一覧（下）
（日本産業衛生学会産業疲労研究会，2002より）

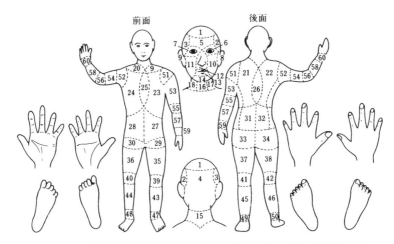

図14-32 身体疲労部位調査票（日本産業衛生学会産業疲労研究会）

3. セマンティックディファレンシャル法（semantic differential；SD法）

　セマンティックディファレンシャル法とは1957年にイリノイ大学のC. E. Osgoodらによって提案されたもので，刺激（評価対象）に対する人の評価構造（意味）を明らかにすることを目的としている．

　人がある対象（刺激）に対して心理的評価を下す場合，最終的な評価はいくつかの潜在的評価（意味）の合成となっていると考えられる．たとえば店頭に並ぶコーヒーカップから，デザインがよいことを基準に一つを買ったとする．ここでなぜ"買う"という最終的評価が下されたのだろうか．何を判断基準にして（潜在的に評価して）そのコーヒーカップの"よさ"を評価し，選んだのだろうか．"かわいらしさ"だろうか，"斬新さ"だろうか．SD法はこのような潜在的評価因子を明らかにしようとするものである．

　方法：

　①何種類かの対象を被験者に提示し，反対の意味をもつ形容詞対評定尺度によってそれらを評定させる（**表14-10**）．

　②対象ごとに各評定対で全被験者についての評定平均点を得る．

　③各評定対を変量，対象をケースとして因子分析を行い，評定対をグルーピ

表14-10　SD法の評定尺度の選定基準

- 刺激の"意味"が変化するあらゆる範囲にわたって，その"意味"を代表するものでなければならない．
- 形容詞対は適切な反意語を選ぶ．"…でない"という表現は原則として用いない．
- どの刺激についても，ほとんど共通してもたれる印象は意味弁別尺度としてふさわしくない．
- できるだけ感覚的・直感的なものを用いる．
- ほとんど同義語のような形容詞は一つで代表させる．
- 刺激と関係なくてもSD法の基本因子尺度（評価〈evaluation〉，力量〈potency〉，活動性〈activity〉）を入れておくと，一般的因子構造との比較ができる．

（斉藤幸子：セマンティック・ディファレンシャル（SD法）．人間工学14(6)，1978より）

ングする．

④グルーピングされた評定対の共通性質を基にして，因子の解釈を行う．

⑤解釈された因子が潜在的評価因子（意味）である．

⑥因子スコアまたはグルーピングされた評定対の平均評定点と，対象の物理的特質との対応を調べることによって，対象のもつ物理的な特性と心理評価との関係を調べる．

　SD法の実施例には，製品デザイン，室内環境，包丁の切れ味，音響効果などさまざまなものがあるが，例として**表14-11**に，11箇所のオフィスについて，室内イメージをSD法により解析した結果の因子負荷行列を示す（評価者が女性の場合）．グルーピングされた形容詞対の共通性質を考察し，第1因子"居住環境の快適さ"，第2因子"見た目のよさ"，第3因子"落ちつき感"と命名された．さらに各因子に属する上位の形容詞対の評定平均点を評価対象のオフィスごとに求め，空間布置した．**図14-33**に，第1因子，第3因子の場合の各オフィスの散布状況を示す．グループとしてまとまったオフィスの実際の状況の共通性を観察したところ，内装のよさ，ゆとりある個人エリアが，居住環境の快適さに影響を及ぼし，個人のプライバシーの確保状況が，落ちつき感に影響を与えることなどが明らかとなった．

表14-11 オフィス評価の結果得られた因子負荷行列

		第1因子	第2因子	第3因子
充実した	充実していない	0.847	0.301	−0.364
明るい	暗い	0.839	0.240	−0.181
健康な	不健康な	0.831	0.376	−0.029
理知的な	感情的な	0.799	0.198	−0.330
知的な	知的でない	0.773	0.352	−0.375
軽快な	重厚な	−0.772	−0.085	0.029
新しい	古い	0.752	0.446	−0.256
快い	不快な	0.704	0.421	−0.306
女性的な	男性的な	−0.413	−0.840	0.199
ぜいたくな	粗末な	0.544	0.772	−0.230
美しい	醜い	0.475	0.702	−0.226
広い	狭い	0.083	0.694	−0.029
激しい	穏やかな	0.152	0.681	−0.509
安全な	危ない	0.593	0.668	−0.189
温かい	冷たい	−0.465	−0.667	0.111
きつい	緩い	−0.138	−0.654	−0.257
地味な	派手な	0.510	0.636	−0.175
引き締まった	締まりのない	0.242	0.191	−0.896
特徴のある	平凡な	−0.079	0.251	0.893
落ち着きのある	落ち着きのない	0.241	0.244	−0.783
集中できる	気が散る	0.256	0.059	−0.766
洗練された	やぼったい	0.037	0.547	−0.721
整頓された	乱雑な	0.324	0.526	−0.697
回転後の固有値		12.95	9.63	6.88

（女性の場合，なおSD法の説明用にここでは一部改変している）
（小松原明哲，他：ソフトウェアオフィスの心理的評価．人間工学23(1)，1987より）

4. 面接調査

被面接者と一定時間面談し，必要な項目について内容を聴取してくる方法を面接調査という．

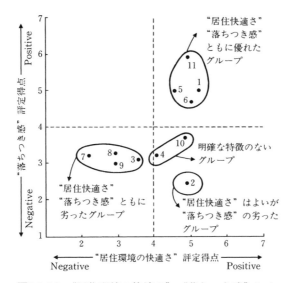

図14-33　"居住環境の快適さ"，"落ちつき感"によ
る調査対象オフィスの空間布置（女性）
（小松原明哲，他：ソフトウェアオフィスの心理的評価.
人間工学23(1)，1987より）

　一対一面接のほか，被面接者を数人集め質問者のファシリテートのもと，自
由に話をさせるグループインタビューも行われる.

　グループインタビューにおいては，グループメンバーの構成が問題となる.
初対面同士では打ち解けず，意見が出にくい. また，声の大きい人に他の人が
引きずられがちである. 同じ職場のメンバーからなるグループでは，上席者や
年長者に遠慮して本音の意見が出にくいことがある.

1）面接調査のポイント

人間工学における面接調査のポイントとしては以下の点が挙げられる.

●質問事項の事前整理

面接が意味のない雑談に終わってしまうことのないよう，質問者はあらかじ
め質問すべき項目を整理し，それに沿って面接を進めていく.

　あらかじめ定めた質問項目についてのみインタビューを進めることを構造化
インタビュー，大まかに整理した項目に沿って回答者の回答により詳細に尋ね

ていく方法を半構造化インタビュー，また質問項目を定めずに進める方法を非構造化インタビューという．

● **質問用紙の作成**

質問事項を記入した用紙を作成し，面接の際には被面接者の回答の要点を記入していくようにする．記入は簡潔にし，記入のために面談を長時間中断するようなことがあってはならない．また面接の録音は相手に断ってから行う．

● **信頼関係**

被面接者と初対面のような場合には，おざなりの回答しか得られないことがある．被面接者との信頼関係が得られるよう，いきなり質問に入るのではなく，雑談から導入するほうがよい場合もある．また面接の目的をあいまいにしておくと不安に思われる．目的をはっきり告げることは面接者の義務でもあり，またそのほうが協力が得られやすい．

● **態　度**

被面接者に対し質問項目に注意を向けさせることはあっても，回答を誘導してはならない．

<例>

"このスイッチについて何か感じたことはありませんか？"（適当）

"このスイッチは使いにくかったでしょうか？"（不適当：使いにくいという前提に立って尋ねているので，使いやすいとはいいにくくなる．使いにくい点をことさら強調した回答を誘導することになる）

回答に対しては"なるほど"，"そうですね"などと軽く同意したほうが好感がもたれ，面接がスムーズに進むことが多い．否定的な応じ方，相手をバカにしたような応対をすると，被面接者は心を閉ざしてしまう．自分が予期しない回答を得たときは率直にその理由を尋ねておくことも重要である．

2）**結果の整理**

結果は回答ごとに紙片に書き出し，あらためて質問用紙に整理するとよい．

3）**結果の評価**

"多くの被面接者がそういった"という数量的評価，"わずかではあるが，こ

ういう指摘もなされた"という特殊例の評価などがなされる．とくに後者は重要な示唆を含んでいることが多い．

V　生活観察

製品やサービスに対する強い不満などは，顕在ニーズとしてインタビューやアンケートで得ることができるが，ユーザ自身も意識していない漠然とした願望（潜在ニーズ）は，自覚されていないので尋ねても出てきにくい．それを引き出すために，質的研究法が用いられる．観察対象となるものは，語り，痕跡，行動であり，調査者が違和感を覚えたことを深堀りしていく．覚えた違和感，疑問のことを research question（RQ）という．仮説検証ではなく，仮説生成の技術である．

1. 語り（ナラディヴ）

人生の苦難を振り返り語ることで，自らの癒しやそれからの生活の創造につながる．これは医療やセラピーで用いられているが，この方法を用いることで，人はどのようなことに喜び，怒り，悔恨を覚えるのかということを探ることができる．

2. 痕　跡

遺跡から当時の生活風俗を明らかとしようという考古学のアプローチと同じである．

生活空間には人工的にできたさまざまな傷や汚れ，注意書きや禁止の貼り紙がある．それらは自然な生活行為の痕跡であるといえる．それを通じて，機械の使いにくさや，さらにはその場の人々の暮らしぶりを推察することができ，潜在ニーズの抽出へとつながる（**図14-34**）．とくに注意書きや禁止表示は，そこでそのようなことをしてしまう，したがる人がいることを表しているといえ，それ自身が潜在ニーズといえる．

図14-34 公衆電話の硬貨挿入口にできた塗装の剝げ
ここからどのような使いにくさがうかがわれるか?

3. 行動観察

　調査対象者や集団の行為や行動において観察される不自然な動作, 繰り返しなされる行為, 人と人との関係性などからRQを立てていく. しかし人の行動や行為を外から観察しているだけだと, その背景にある動機や気持ち, 集団内の暗黙のルールなどの探索がしにくい. そこで, 調査者が調査対象集団の一員となって, 集団の内部からその実態を観察することもなされる. これを参与観察という. 参与観察によって調査者が読み解いたその集団の特徴をまとめたレポートを, エスノグラフィ (ethnography) という.

VI　信頼性解析

　機械 (システム) 使用時に発生する事故について, その原因を究明し, あるいは事前に予知して必要な対策を立てるために, 事故 (結果) と原因との関係を系列的に解析する.
　代表的な手法として, FTAとFMEAがある.

1. Fault tree analysis (FTA)

　FTAとは事故や故障などをトップ事象とし, その原因をトップダウン方式

で究明し，原因（基本事象）との
関係を**図14-35**に示す基本記号を
用いて木の枝状に結ぶ解析方法で
ある．**図14-36**に高周波温熱治療
器による感電事故について，その
原因をFTAにより解析した例を
示す．

　FTAにおいては，基本事象の
発生確率が求められると，フォー
ルトトレラントの信頼度計算と同
様，各欠陥事象の発生確率を予測
することができる．すなわち，た
とえば発生確率P_1，P_2の2つの基
本事象がANDで連結している場

 ▭	欠陥事象
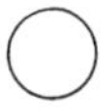 ○	基本事象：それ以上原因を追及できない事象
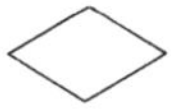 ◇	ダイヤモンド：さらに分析が可能だが，とりあえず省略または保留する事象
 ⌂	ハウス：通常に存在する欠陥事象でない事象
 ⌒	論理積：下位の事象がすべて起きたときのみ，上位の事象が起こるという関係（AND）
 ⌒	論理和：下位の事象のうち，いずれか一つが起これば上位の事象が起こるという関係（OR）

図14-35　FTAの基本記号

合，これにつながる欠陥事象の発生確率P_{fa}は，

$$P_{fa} = P_1 \cdot P_2$$

　同じくORの場合は，

$$P_{fb} = 1 - (1 - P_1)(1 - P_2)$$

である．

　このような計算を上位方向に向かって行うことにより，トップ事象の発生確率まで求めることができる（**図14-37**）．

2. Failure mode and effects analysis（FMEA）

　FMEAはFTAとは逆に機械部品などの機械要素が故障した場合に，機械全体の受ける影響をボトムアップ方式で解明していく解析方法である．**表14-12**に高周波温熱治療器における各ユニット・部品の故障が全体に与える影響をFMEAにより解析した例を示す．

　FMEAでは点検間隔など，評価対象期間をあらかじめ定めておき，その間に想定される故障頻度，そして故障影響度，または故障被害度について，あらかじめ評定基準を決めておき，次に個々の構成要素について，評点をつけ，そ

194

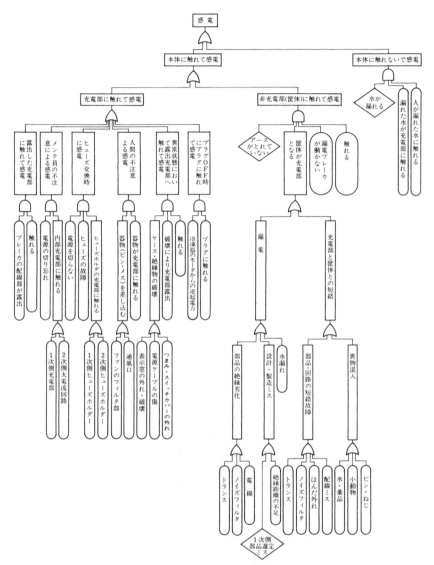

図14-36 感電に対するFT図
（吉田　肇，他：FMEA/FTAの活用による設計品質向上．
Omron Technics 26(1)，1986より）

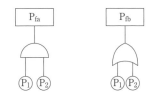

$$P_{fa} = P_1 \cdot P_2 \qquad P_{fb} = 1 - (1 - P_1)(1 - P_2)$$

図14-37　FTAでの欠陥事象の発生確率計算

れらを掛け合わせることにより致命度を求める（**表14-13〜15**）．致命度が大きいほど重点的に管理しなくてはならないということになる．

Ⅶ　官能検査と感性評価

　人間の感覚による評価を通じて製品の善し悪しなどを評価する方法で，訓練を受けた検査員が行うものを官能検査，官能検査の方法を消費者など一般の人に用いて評価を得るものを官能評価，または感性評価という．具体的には，酒の風味，香水のブレンド，インスタントスープの調味，包丁の切れ味，漬物の歯ごたえ，電気釜のご飯の炊け具合，レンズの研磨状態，車の乗り心地，ステレオの音の広がりなど幅広い領域で用いられている．

　官能検査には分析型（Ⅰ型）と嗜好型（Ⅱ型）がある．嗜好型とは，酒のうまさ，ビールの喉越しのように機器による分析が不可能で，人間の感性的判断に頼らざるをえない場合，分析型とは，せんべいのしけり具合評価のように，機器による善し悪し判定も可能ではあるが，判定に時間や経費，特別な分析機械が必要となってしまう場合，つまり人間がやってしまったほうが簡単な場合である．

　官能検査（評価）では，その目的によってさまざまな手法が開発されているが，人間工学では複数の評価対象（試料）についての“感性的優劣（善し悪し）の順序づけ”を行う場合が多い．たとえば企業が複数の試作品のなかからどれを発売したらよいか決定するときに，消費者に好みの順番をつけてもらい，試作品の優劣を見きわめるなどである．検討の方法としては以下のものがある．

表14-12　FMEAチャート

ユニット名・部品名	故障モード	推定原因	故障の影響		発生度合	影響程度	致命度
			ユニット	システム			
1 電源							
1-1 電源ケーブル	1 断線	外力	機能停止	機能停止	2	4	8
	2 短絡	外力	機能停止	病院内電源に影響	1	5	5
	3 異常発熱	容量不足	発火の可能性	火災の可能性	1	5	5
	4 接続部接触不良	端子部不良	機能低下の可能性	機能停止の可能性	1	3	3
	5 ロック不良	変形、破損	機能停止の可能性	機能停止の可能性	1	2	2
1-2 レセプタクル	1 接続部接触不良	端子部不良	機能停止	機能停止の可能性	1	3	3
	2 絶縁劣化	容量不足	機能低下の可能性	機能停止の可能性	1	2	2
	3 取付不良	製造不良	機能停止の可能性	機能停止の可能性	1	2	2
1-3 ノイズフィルタ	1 出力が出ない	回路短絡オープン	機能停止	機能停止	1	3	3
	2 フィルタ機能低下	容量低下機能低下	機能低下	誤動作の可能性 雑音端子電圧大	1	2	2
1-4 漏電遮断機	1 出力が出ない	接触不良回路断線	機能停止	機能停止	1	4	4
	2 出力が出放し	接点溶着	異常保護機能不良	火災の可能性	1	5	5
	3 過電流を検知しない	検知回路不良	保護回路不良	火災の可能性	1	5	5
	4 定格電流以下で動作	漏電検知回路不良	機能低下の可能性	機能低下の可能性	2	2	4
	5 漏電を検知しない	漏電検知回路不良	保護回路不良	感電の可能性	1	5	5
	6 漏電電流以下で動作	漏電検知回路不良	機能低下の可能性	機能低下の可能性	1	1	1
1-5 電源スイッチ	1 ONしない	接触不良	機能停止	機能停止	1	4	4
	2 OFFしない	接点溶着	電源OFF機能停止	電源OFF機能停止	1	3	3
	3 ロックしない	スイッチ不良	機能停止	機能停止	2	4	8
	4 復帰しない	スイッチ不良	電源OFF機能停止	電源OFF機能停止	2	3	6
1-6 電磁リレー	1 励磁しない	断線	機能停止	機能停止	2	4	8
	2 接点ONしない	接触不良	機能停止	機能停止	2	4	8
	3 接点OFFしない	接点溶着	電源OFF機能停止	電源OFF機能停止	1	3	3
1-7 トランス	1 出力が出ない	断線	機能停止	機能停止	1	4	4
	2 出力が高く出る	1次側短絡	2次側破壊の可能性	発火の可能性	1	5	5
	3 出力が低く出る	2次側短絡	機能停止の可能性	機能停止の可能性	1	3	3
	4 異常発熱する	短絡	発火の可能性	火災の可能性	3	5	⑮
	5 絶縁劣化	トランス絶縁性能不足 経時変化	漏れ電流の増加	感電の可能性	2	5	⑩

（吉田　肇，他：FMEA/FTAの活用による設計品質向上，Omron Technics 26(1)，1986より）

表14-13　故障頻度の評点の例

故障頻度	評点
頻繁にある	5
ある	4
ときどきある	3
わずかにある	2
ないとはいえない	1

表14-14　故障影響度の評点の例

故障影響度	評点
システム全体が運転不可能	5
重要機能が停止	4
一部の機能停止	3
軽微な支障あり	2
ほとんど支障なし	1

表14-15　故障被害度の評点の例

故障被害度	評点
死亡事故，後遺症発生	5
重傷	4
中程度の負傷	3
軽微な人的被害	2
不快	1

1. 選　択

複数の試料を評定者（パネルという）に見せ，そのなかで一番よいと思うものを一つ選んでもらう．これを複数の人に行ったときに，選択者数の多い順に，順序づけをすることができる．選挙はこの方法である．順序づけが統計的に意味あるかどうかは，選択者数についての適合度検定により評価できる．

<解析例>

同じ製品を赤，青，黄，黒，白の5種類の色に塗り分け，43人のパネルに，一番よいと思う色を一つだけ選んでもらった結果，**表14-16**のようになったという．黒，白，赤，青，黄の順序づけができそうだが，統計的に意味あるといえるか？

次式でχ_0^2の値を求め，これがχ^2表（付表5）で求めた$\chi^2(\phi, \alpha)$より小さければ，有意なバラツキがあるとはいえない．

$$\chi_0^2 = \Sigma(実測数 - 期待数)/期待数, \quad \phi = n - 1$$

この場合の期待数は平均値となる．実際にχ_0^2を求めると3.39であり，$\chi^2(4,$

表14-16　5つの試料の選択者数（n = 43）

赤	青	黄	黒	白	平均
9	7	5	12	10	8.6

0.05) = 9.49より小さいから，有意差があるとはいえない．つまり統計的に選択者数に違いがあるとは認められない．したがって順序づけも信頼できない．

2. 順位の一致性による検討

　複数のパネルにそれぞれ試料を相互比較してもらい，"善し悪し順序"をつけてもらう．そしてこの順序がパネル間で統計的に一致しているかを調べる方法である．統計的に一致していれば，全員の感じ方は同じといえ，一致していなければ，試料間で違いがない，あるいは感じ方には個人差があり，一般論として善し悪しを論ずることには無理があるという結論が導かれる．

　この方法では順位が一致するほど各試料の順位の合計値に大きな開きが生ずるようになり，一致しないほど開きが小さくなることから，合計値間の開き（バラツキ）の大きさをF検定する．この方法ではパネルがすべての試料を一通り試してからでないと順序づけにかかれない．また試料数が多いとパネルが混乱し，いいかげんな順序づけをするようになりがちである．そのため試料数は10程度が限界と思われる．

＜解析例＞

　3人のパネルが5種類の椅子に座り，座り心地のよい順に順序をつけ，**表14-17**の集計表を得た．順位の合計値からみると，B，C，D，E，Aの順序がつきそうであるが，統計的に意味のある順序だろうか？

　①次の指標を求める．

　　総　平　均　$\overline{T} = (11 + 7 + 8 + 9 + 10)/5 = 9.0$

　　偏差平方和　$S = \Sigma (T_j - \overline{T})^2$

　　　　　　　　　　$= (11 - 9)^2 + (7 - 9)^2 + \cdots + (10 - 9)^2 = 10$

　　一致性係数　$W = 12S/(n^2(k^3 - k))$

　　　　　　　　　　$= 12 \times 10/(3^2(5^3 - 5)) = 0.11$

　②Sの値によって検定する．Sの値が**表14-18**に示す基準値以上であれば，

表14-17　集計表（パネル3，試料5の場合）

試料k / パネルn	A	B	C	D	E
1	1	2	3	4	5
2	5	4	3	2	1
3	5	1	2	3	4
和T_j	11	7	8	9	10

表14-18　順位の一致性　Sによる検定表（$a = 0.05$）

試料k / パネルn	3	4	5	6	7
3	17.5	35.4	64.4	103.9	157.3
4	25.4	49.5	88.4	143.3	217.0
5	30.8	62.6	112.8	182.4	276.2
6	38.3	75.7	136.1	221.4	335.2
8	48.1	101.7	183.7	299.0	453.1
10	60.0	127.8	231.2	376.7	571.0

（佐藤　信：官能検査入門，日科技連，1978より）

有意水準5％で，パネルのつけた順位は統計的に一致しているといえる．この例では検定値は64.4であるから，パネルの評価は一致しているとはいえない．つまりB，C，D，E，Aの順序は信頼できるものではない．

3.　格づけによる方法

　この方法は，あらかじめ3段階，5段階，7段階などの評定段階（基準）をきちんと決めておき，おのおのの試料の感触を基準に照らし合わせ評定を行う．試料を相互比較するわけではないので，試料数が多くても可能である．また複数の試料に順序をつけるだけではなく，個々の試料が基準を満たしているか否かを判定（絶対判断）することもできる．この結果の集計方法としては，①独立性の検定，②順位検定，③分散分析がある．

<解析例>

たとえば4種類のボールペンの書き心地を3段階評定尺度により評価する（**表14-19**）.

表14-19 3段階評定尺度

＋1	書きやすい
0	ふつう
－1	書きにくい

1）独立性の検定

評定点を分類尺度とみなし，各試料において評定点の発生頻度と，発生頻度の期待値とのズレをχ^2検定する.

①各試料に＋1，0，－1をつけた人数をそれぞれ調べ，**表14-20**にならって集計表をつくる.

②もし試料A，B，C，D間にまったく違いがないのなら，本来は**表14-21**のように評定が集計されると期待される．そこで**表14-20**（実現値）と**表14-21**（期待値）とのズレが統計的に有意といえるのか，そのズレの程度をχ^2検定する．具体的には以下のようにχ^2の値を求める.

$$\chi_0^2 = \Sigma((実現値 - 期待値)^2/期待値)$$
$$= (0 - 1.25)^2/1.25 + (4 - 1.25)^2/1.25 + \cdots + (2 - 1.75)^2/1.75$$
$$= 17.59$$

このχ_0^2の値は自由度（m－1）×（k－1）のχ^2分布に従う（mは評定尺度段階数，kは試料数）．この例では自由度＝（3－1）×（4－1）＝6で，このときχ^2表によると，$\chi^2(0.01) = 16.81$であるから，実現値と期待値とのズレは統計的に有意，すなわち4つの試料間に違いがあるといえる．そこで**表14-20**を見直してみると，試料Bは＋1の発生頻度が高く，試料Aは－1の発生頻度が高い．C，DについてはどちらかというとCのほうがよいようである．したがってB，

表14-20 集計表（パネル4，試料4の場合）

試 料	＋1	0	－1	計
A	0	0	4	4
B	4	0	0	4
C	1	2	1	4
D	0	2	2	4
計	5	4	7	16

表14-21 期待値表

試 料	＋1	0	－1	計
A	1.25	1.00	1.75	4
B	1.25	1.00	1.75	4
C	1.25	1.00	1.75	4
D	1.25	1.00	1.75	4
計	5	4	7	16

C, D, Aという順序がつけられそうである．ただしCについては評定点の分散が大きく，人による好みの違いがあるようである．

2) 順位検定

評定を順序尺度とみなし，各パネルにおいて試料ごとに評定点の大小を基に評価の順序をつけ，これを前述の順位検定により検定する．

①各パネルの各試料に対しての評定点を，**表14-22**の集計表にならって集計する．

②集計表に基づき，**表14-23**にならって各パネル内で同順位を許す順位データに直す．

③後は前述の順位検定に従って検定する．この例では $W = 0.69$，$S = 55.5$ となり，統計的に有意な一致状況である．**表14-23**の計の欄を見ると，B, C, D, Aの順序がつけられよう．

3) 分散分析

分散分析は，各パネルの各試料への評定のつけ方に違いがあるかどうかを，評定点を比例尺度とみなして，二元配置の分散分析で一括して検定してしまおうという考えである．試料間の評定のされ方とパネル間の評定傾向の違いがそれぞれ検定される．

①**表14-24**にならって集計表を作成する．

②二元配置分散分析を行う．

修正項CTを求める．

$$CT = (\Sigma x)^2 / (k \cdot n)$$

表14-22　集計表（パネル4，試料4の場合，表中数字はつけられた評定点）

パネルn ＼ 試料k	A	B	C	D
1	−1	+1	+1	0
2	−1	+1	0	0
3	−1	+1	0	−1
4	−1	+1	−1	−1

表14-23　順位変換結果

パネルn ＼ 試料k	A	B	C	D
1	4.0	1.5	1.5	3.0
2	4.0	1.0	2.5	2.5
3	3.5	1.0	2.0	3.5
4	3.0	1.0	3.0	3.0
計	14.5	4.5	9.0	12.0

表14-24 集計表（パネル4，試料4の場合，
表中数字はつけられた評定点）

試料 k パネル n	A	B	C	D	計 XB
1	− 1	+ 1	+ 1	0	1
2	− 1	+ 1	0	0	0
3	− 1	+ 1	0	− 1	− 1
4	− 1	+ 1	− 1	− 1	− 2
計 XA	− 4	4	0	− 2	− 2

$$= (-2)^2/(4 \cdot 4) = 0.25$$

平方和 S を求める．

$$S = \Sigma x^2 - CT$$

$$= ((-1)^2 + (-1)^2 + \cdots + (-1)^2) - 0.25$$

$$= 12 - 0.25 = 11.75$$

試料間平方和 SA を求める．

$$SA = (\Sigma XA^2)/n - CT$$

$$= ((-4)^2 + 4^2 + 0^2 + (-2)^2)/4 - 0.25$$

$$= 9 - 0.25 = 8.75$$

パネル間平方和 SB を求める．

$$SB = (\Sigma XB^2)/k - CT$$

$$= (1^2 + 0^2 + (-1)^2 + (-2)^2)/4 - 0.25$$

$$= 1.5 - 0.25 = 1.25$$

誤差平方和 SE を求める．

$$SE = S - SA - SB = 1.75$$

　これらの結果を分散分析表にまとめ，F表により検定する（**表14-25**）．

　以上の結果から，試料間に有意差は認められるが，パネル間には有意差は認められない．つまり試料間の優劣には統計的違いがあるが，パネルは皆同じ評定傾向を示しているといえる．**表14-24**の試料合計点を見るとB，C，D，Aと順序がつけられるようである．

③水準間の有意差の検定（どの試料間に統計的違いがあるか）を調べる．

表14-25　分散分析表（＊有意水準5%で有意）

	S	自由度	不偏分散	F_0	F（0.05）
試　料	8.75	3	2.92	15.4*	3.86
パネル	1.25	3	0.42	2.2	3.86
誤　差	1.75	9	0.19		
	11.75	15			

パネルの数：n

誤差項の不偏分散：VE = SE/誤差項の自由度

f = F（1，誤差項の自由度，有意水準）のとき，

$$T_0 = \sqrt{2 \cdot n \cdot VE \cdot f}$$

として求めた値より，各試料の評定合計点の点差が大きければ統計的有意といえる.

　この例では，$T_0 = \sqrt{2 \cdot 4 \cdot 0.19 \cdot F（1, 9, 0.05）} = 2.79$であり，有意水準5%において，試料AとD，CとDの間には有意な評定の違いがないが，他については統計的有意な違いがあるといえる.

4.　一対比較法

　一対比較法とは，k個の試料の優劣順序をつけたい場合に，k個のなかから2つずつ取り出し，その2つの優劣を判定する. これを繰り返してk個全体の優劣をつけようという方法である. 1回に比較するのはたった2つなので，かなり細かい違いまで検出可能である. ただし試料数が増えると組み合わせが飛躍的に増えるので，全評定が終了するまでに膨大な時間がかかってしまう.

　一対比較法にはいくつかの方法があるが，ここではサーストンの方法に基づき，一致性の検定について取り上げる.

＜解析例＞

　各パネルに5本のハサミから2本ずつ取り出し，どちらが切れ味が良いか判定させた. 結果を各パネルごとに**表14-26**の集計表にならって集計する. 次に全パネルの判定結果を**表14-27**にならってまとめる.

　各試料の合計値から見るとA，C，E，D，Bの順序で切れ味が悪くなるよう

表14-26 5本のハサミの切れ味の比較(あるパネルの評価結果)

良い ＼ 悪い	jA	B	C	D	E
i A		×	×	×	×
B	○		○	○	×
C	○	×		×	×
D	○	×	○		×
E	○	○	○	○	

iがjに比べて良いときに○をつけてある

表14-27 判定結果の集計表（パネル5の場合，○をつけた人数）

良い ＼ 悪い	jA	B	C	D	E	計
i A		4	4	3	4	15
B	1		2	1	0	4
C	1	3		5	3	12
D	2	4	0		2	8
E	1	5	2	3		11

iがjに比べて良いとした人数を集計してある

である．この順序が統計的有意といってもよいのかを検定したい場合，次のように行う．

k個の試料をn人のパネルが一対比較する場合，A_i と A_j の組み合わせの比較で，x_{ij} が A_j より A_i を良いと判定した人数，x_{ji} が A_i より A_j を良いと判定した人数とする（$x_{ij} + x_{ji} = n$）．ここでn人を2人ずつ組にしたとき，全組で2人の判断が一致した組Sを次式によって計算する．

$$S = {}_nC_2 \times {}_kC_2 + \dot{\Sigma}x_{ij}^2 - n\dot{\Sigma}x_{ij}$$

表14-28 一致性係数の検定表($a = 0.05$)

パネルn ＼ 試料k	3	4	5	6
3	9	14	22	31
4	14	24	40	55
5	22	38	60	
6	31	55		
7	41			
8	52			

（佐藤　信：官能検査入門，日科技連，1978より）

ここで $\dot{\Sigma}$ は**表14-27**の対角線の上（下）半分の和を求めることである．**表14-27**の例では以下のようになる．

$$S = {}_5C_2 \times {}_5C_2 + (4^2 + 4^2 + \cdots + 2^2) - 5 \times (4 + 4 + \cdots + 2)$$
$$= 10 \times 10 + 100 - 5 \times 28$$
$$= 60$$

このSの値が**表14-28**の基準値以上なら，パネルの判定は有意に一致したと判断する（有意水準5%）．この例では基準値は60だから，かろうじて一致しているといえる．

　ここでパネルの判断の一致度合の係数としては，一致性係数uが用いられる．

$$u = (2S)/({}_nC_2 \times {}_kC_2) - 1$$

　一致性係数はパネル全員の判断が完全に一致しているときに1となる．この例では0.20であり，一致してはいるものの，一致度は低いといえる．

5.　どの方法を選ぶか？

　今まで示してきた各方法は，一長一短があり，使い分けが必要である．そのときの視点としては，次がある．

1)　評定者の負担

　街頭調査のような場合は，評定者を長時間拘束できないので選択を用いらざるをえない．一方，実験室において時間を気にせずに評価できる場合には，一対比較が可能である．

2)　データの特性

　データをどのような尺度として扱うか，どこまで知りたいか，ということである．たとえば順序づけ（順位）では，1位と2位の差は僅差かもしれないし，大きな違いかもしれないが，そこまではわからない．一方，格づけの結果を分散分析する場合には，どのサンプル間に統計的有意な違いがあるのかまでを議論することが可能となる．

3)　相対評価か絶対評価か

　選択，順位づけ，一対比較（サーストンの方法）では，支持率が一番高い，あるいは1位に選ばれたとしても，他のサンプルに比べての話であって，実際には好まれないかもしれない．一方で，支持率が一番低い，あるいは最終順位であっても，好まれるかもしれない．相対評価なので，そのことまではわからないのである．一方，格づけの場合には，絶対評価であるから，評定者の評価基準がしっかりしていれば，評価者に好まれる，好まれないという議論が可能となる．

問　題

(1) 身体・姿勢・動作の計測：座卓（食卓）で座って本を読むときに，正座，あぐら，脚を投げ出す，座布団の使用・不使用などさまざまな姿勢条件において姿勢計測を試みてみよ．また各姿勢において"楽な姿勢"に関して質問紙調査，面接を行い，座卓と姿勢の関係に関する人間工学的考察を行え．

(2) 作業分析："DVDキャビネットから目的のDVDを取り出し，DVDプレーヤーにかけて視聴する"動作について，サーブリッグ分析を行え．細かい動作内容は自分で規定してよい．

(3) 作業姿勢評価の方法としてOvako working posture analysis system（OWAS法）が有名であるが，これを文献調査せよ．またOWAS法を用いて作業時の姿勢評価を行え．

(4) 生体負担の評価：自動車の長時間運転手の生体負担，疲労を調べる実験を行いたい．どのような実験を行ったらよいか，研究計画書を作成せよ．

(5) 自動車のユーザに対して，使用している自動車について人間工学的問題を探るためのアンケートを実施したい．質問紙を作成し，また身近なユーザに対して実施してみよ．

(6) 文庫本のカバーなどを対象にセマンティックディファレンシャル法（SD法）を実施してみよ．

(7) キャンパスや街頭において痕跡調査を行え．どのような使いにくさや潜在ニーズの現われといえるか．

(8) FTA：ガスコンロによるガス中毒（ガス漏れ）について，その原因を

FTAを用いて解析・予測してみよ.

(9) FMEA：自転車の構成部品を列挙し，FMEA解析してみよ．また重点保安部品は何か考察せよ.

(10) 感性評価：何種類かの椅子を準備し，座り心地についての感性評価を行ってみよ.

15章

人間工学における統計的考え方

　人間工学の調査・実験において意味あるデータを得るため，また得られたデータを十分に活用するためには，しっかりとした研究計画および統計的考え方が必要である．本章では人間工学における統計的考え方について，とくに計量値・計数値のデータの取り扱いの基本について述べる．

I　研究計画の立案

1. 研究計画に含まれる内容

　データ収集に取りかかる前にまず行わなくてはならないのは，しっかりとした研究計画を立案することである．研究計画には以下の内容が含まれていなくてはならない．

1) 研究題目

　その研究の内容を端的に表わす題目（テーマ）を示す．

2) 目　的

　何のためにデータを収集するのか，すなわち何を目的として研究を行うかが，明確，端的，簡潔に示されていなくてはならない．

3) 研究の背景・先行研究調査

　研究の必要性は何か．過去においてどのような関連研究が行われ，何がわかっていて何がわかっていないのかを明らかにするため，文献調査（遡及調査）を行う．また過去の研究においてどのような研究方法，研究手法がとられていたのかを調べ，これから実施する研究に役立てる．

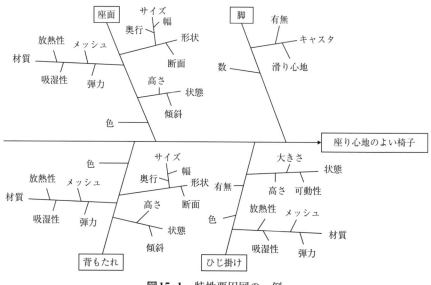

図15-1　特性要因図の一例
同系統の要因を魚の骨のような形に整理する.

4）仮説・検討事項

たとえば目的として"座り心地のよい椅子の研究"を行おうとする場合，われわれは日ごろの経験や予備実験などにより，"椅子の座り心地は座面状態によって違うのではないか"などという予想をもつ．これを仮説という．まずこの仮説をはっきりさせる．そのためには目的に関係する要因を特性要因図（**図15-1**）などによって整理するとよい．次に仮説に関係する事項をさらに特性要因図によって整理し，さらに予備実験を繰り返すなどにより，そのなかで影響度合が大きいなど，とくに取り上げて検討する事項を選択する．検討事項を多くすればするほど研究は大規模となり，実施が困難となる．あれこれ取り上げるのではなく，研究目的や仮説に則して，検討すべき事項を，的を絞って選択することが重要となる．

5）方　法

目的を達成するための手順，選択された検討事項（課題）に対して適切な研究方法を決定する．

設計に関する実験や調査であれば，検討すべき事項は"共通をとる"，"立場の弱いユーザに合わせる"，"ユーザ，ユーザ層ごとに合わせる"，"平均的なユーザに合わせる"のどの方法に当てはまるかを検討する．これにより，どのような実験被験者，調査対象者を用いればよいのかがはっきりしてくる．

次に基本的な研究方法として"実験室実験"，"フィールド（現場）実験"，"フィールド調査"のどれを採用するかを検討する．

実験室実験では検討事項を種々の水準に積極的にコントロールし，そのときの生体反応などを厳密に比較，検討することが容易である．

フィールド実験では実際の作業場，機械の使用現場において，検討事項をある程度積極的にコントロールし，そのときの生体反応などを比較，検討することができる．

フィールド調査では実際の作業場，機械の使用現場において，検討事項を積極的にコントロールすることなく，ありのままの状態でデータを収集する．

6) 方法の詳細

具体的な測定指標，実験規模，被験者の割り振りなど，統計学における実験計画法を参考にしながら，調査・実験に踏み出すための具体的な項目を検討する．また日程や予算計画，調査・実験場所，機材の手配なども行わなくてはならない．

7) 実験・調査倫理

実験や調査で得られた結果は個人情報であるから，その取り扱い，保管，処分においての個人情報保護が徹底されなくてはならない．また実験においては被験者の安全・健康などの福利が保障されなくてはならない．

これら倫理にかかわることがらを明確化，配慮し，必要に応じて倫理委員会の承認を得る．

2. 被験者数

調査・実験において常に頭を悩ませることは被験者数（サンプル数）を何人にするかという点であろう．サンプル数を増やせば結果の信頼性が増すのはわかるが，しかし調査・実験の実施が困難になるのは目に見えている．これについては研究目的に合わせて以下の点を参考に決めるとよい．

1) 母平均を推定したいとき

たとえば日本人男子中学生の平均身長を求めたいような場合は，全国各地の多数の男子中学生を選び（無作為抽出，ランダムサンプリング），選ばれた中学生集団の平均身長から全体の身長を推定する．選んだ中学生の数が増すにつれて推定値の信頼度が増す．たとえば被験者の数が10人の場合，平均に対する1人の被験者の影響力は10％もあるが，100人となると1％となり，他とはなはだしく異なった身長の人がいても，平均はそれほど影響を受けない．このことからしてデータの分散が大きいと見込まれるときには，より多くの被験者について測定が必要となる．一般に平均値が大きいものは分散も大きい．推定の誤差範囲を±Lと決められるのであれば，後述する正規分布の特徴から，被験者数nは次のように求められる．

$$n = u^2 \sigma^2 / L^2$$

u ：信頼係数

σ^2：過去の類似の研究経験，あるいは予備調査で得られたデータ分散

2) 特定の設計値を求めたいとき

検討すべき事項について，どのようなユーザに合わせるかが明確であれば，被験者数を増やすよりも属性をコントロールした被験者についてデータをとったほうがよい．たとえば児童遊園の水飲み場の高さを検討するのであれば，遊園地利用者全体ではなく，背の低い子どもたちを選んで計測をすればよい．

3) 変化パターンを知りたいとき

設計のための数値自体を求めるのではなく，変化の傾向・規則性を知りたい場合，たとえば椅子の座面高と座り心地の評価の関係（変化の傾向）を，座面高を何水準かに変化させて調べるような場合には，各水準で被験者を変えることは避け，特定の被験者について全水準で実験したほうがよい．好ましい座面高は被験者によって異なるだろうが，評定の変化の傾向自体は被験者によらず，一定の法則性をもつと考えられるからである．ただしこの方法においては，母集団を適切に代表している被験者を選ばなくてはならない．

4) 有意性を知りたいとき

同じ集団で条件を変えて実験を行い，その結果を比較したいとき，あるいは違う集団間の比較を行いたいような場合，すなわち検定を行いたい場合には，

もちろん実験目的や調査内容にもよるが，人間工学領域の暗黙の通例として，1水準について最低10人は欲しいところである．

　ところで検定を行いたい場合には，有意水準（α），有意差（d），検出力（$1-\beta$）の関係から統計的にサンプル数を決定することができる．有意水準は本来，差がないのにあるとしてしまう過誤確率，有意差は検出したい有意差の大きさ，検出力は有意差があるときに誤りなく有意差を検出する確率である．

　一般に人間工学では $\alpha = 0.05$，0.10 で検定をする例が多く，より厳密な検定をしたい場合には $\alpha = 0.01$ とされることが多い．また β は α の4～5倍程度が一つの目安とされる．

　有意差については経験的に次のように設定するとよいといわれている．

<blockquote>
小さな差まで検出したい場合　　　　　d = 0.1～0.2
中程度の差を検出したい場合　　　　　d = 0.4～0.5
大きな差だけを検出できればよい場合　d = 0.8～0.9
</blockquote>

　検定の目的に応じて α，d，$1-\beta$ を決定したら，付表3より，1水準において最低必要とされるサンプル数の目安が得られる．

II　人間工学で扱われるデータ

　人間工学の調査・実験で得られるデータ（測定値）には通常，次の4種類がある．①から④の順に，使える統計的手段は乏しくなる．

①計量値：連続的に変化する値をいい，たとえば身長，体重，動作の時間値などである．

②計数値：1つ，2つと数えられる値であり，たとえばアンケートで○印をつけた人数，ミスの数などがこれにあたる．

③順位：順序関係があるものに対するその順序であって，たとえば背の高い順に並んだときの順番がそうである．

④層別値：単に区別をつけるためにつけた便宜的な数値で，たとえば被験者番号がこれにあたる．

　また人間工学では測定値に対して尺度という見方がされることがあり，この場合は**表15-1**に示される4種類に分けられる．これらのデータの種類に応じて

表15-1 尺度の分類

尺　度	性　　質	許容される統計量の例	典型的な例
分類尺度 (名儀尺度)	等価性が保証されている	事例数 最頻値 定性相関係数	スポーツ選手の背番号 製品のロット番号
順位尺度	大小関係が保証されている	メジアン パーセンタイル 順位相関係数	においの快さ 椅子の座り心地 シャツの汚れ具合
距離尺度	距離の等価性が保証されている	平均値 標準偏差 積率相関係数	温度（摂氏，華氏） 暦の日 学力検査の標準得点
比例尺度	比率の等価性が保証されている	幾何平均 変動係数 デシベル変換	絶対温度 長さ，質量 音の大きさ（ソーン尺度）

（佐藤　信：官能検査入門，日科技連，1978より）

適切な集計・統計解析を行わなくてはならない.

III　度数分布法

度数分布法は得られたデータの分布状態の分析を目的とする方法である.

1. 度数表とヒストグラム

測定されたデータは，まず**表15-2**に示すような度数表に整理する.

級の数kはデータ数nのときに $(\sqrt{n} + 1)$ 前後の整数値とするとよいといわれている. また級の幅hはデータの最大値を x_{max}, 最小値を x_{min}, 測定精度を β としたとき，$h = (x_{max} - x_{min})/k$ が β の整数倍となるように決める.

度数表が得られたら，データの分布状態を直観的に知るためにヒストグラムを作成する（**図15-2, 3**）.

表15-2　女子大学生の体重分布（度数表）

級区間	代表値	チェック	度　数	累積度数	相対累積度数
31.0～38.0 kg	36 kg	/	1	1	2%
38.0～42.0	40	///	3	4	8
42.0～46.0	44	7HL 7HL /	11	15	30
46.0～50.0	48	7HL 7HL 7HL	15	30	60
50.0～54.0	52	7HL 7HL	10	40	80
54.0～58.0	56	7HL /	6	46	92
58.0～62.0	60	///	3	49	98
62.0～66.0	64	/	1	50	100

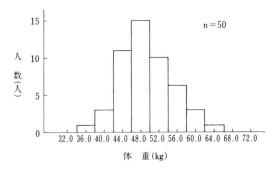

図15-2　女子大学生の体重分布（ヒストグラム）

2.　代表の位置を示す指標

分布の代表の位置を示す指標については次が用いられる.

1）平均値（母平均値）　μ

$$\mu = \frac{1}{n} \sum_{i=1}^{n} x_i$$

n：データ数，x_i：i番目のデータの値

データが標本集団であることを意識する場合には $\bar{x}$ という記号により示す.

2）中央値（メジアン）　$\tilde{x}$

データを大小順に並べたときに中央にくるデータの値である. データが偶数個のときには中央の2つの値の平均値とする.

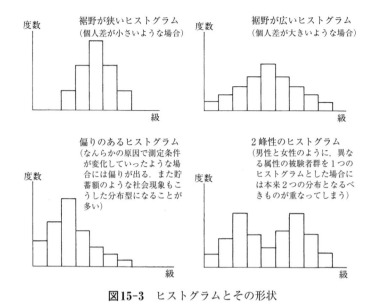

図15-3　ヒストグラムとその形状

3) 最頻値（モード）　M₀

最多度数の級の代表値で、ヒストグラムでいえば最高峰の級の代表値である。偏った分布、多峰性分布では平均値よりも最頻値のほうが代表値として有益である。

3. バラツキを示す指標

データのバラツキ、すなわちヒストグラムの広がり具合を示す指標としては以下のものがある。いずれもバラツキが大きくなると指標も大きな値を示す。

1) 範　囲　R

$$R = x_{max} - x_{min}$$

x_{max}：データの最大値、x_{min}：データの最小値

外れ値があると、範囲は大きな影響を受けてしまう。

2) 分　散（母分散）　σ^2

$$\sigma^2 = \frac{1}{n} \sum_{i=1}^{n} (x_i - \mu)^2$$

データが標本集団であることを意識する場合は不偏分散を用い，S^2という記号により示すのが一般的である．すなわち，標本分散 $S^2 = V$.

3）不偏分散　V

$$V = \frac{1}{n-1} \sum_{i=1}^{n} (x_i - \bar{x})^2$$

不偏分散は母分散の推定値としても扱われる．すなわち，$\sigma^2 = V$.

4）標準偏差（母標準偏差）　σ

$$\sigma = \sqrt{\sigma^2}$$

データ1個当たりのバラツキが平均値と同じ単位で示される．ただしデータが標本集団であることを意識する場合は$\sqrt{V}$を用い，sとして示す．すなわち，標本標準偏差 $s = \sqrt{V}$.

5）標準誤差（standard error）　SE

$$SE = \frac{\sigma}{\sqrt{n}}$$

　　σ：母標準偏差（ただし実際には$\sqrt{V}$を当てはめる）

標本平均$\bar{x}$のバラツキ（誤差）を示す．すなわち標本平均値の母平均値とのズレの可能性の程度，信頼性を示す．

4.　母集団と標本集団

日本人の身長の平均値，分散を知りたいからといって，すべての日本人の身長を測定するというのは実際，不可能である．そこでやむをえず何人かの代表者（サンプル：標本）を選び，これらの人々について平均値，分散を求め，日本人全体の平均値，分散とみなすのが普通である．日本人全体を母集団といい，サンプルの集団を標本集団という．標本集団の平均値，分散を，標本平均，標本分散といい，また母集団のそれを母平均，母分散という．母平均，母分散は1通りしか決まらない．しかし標本平均，標本分散はサンプルの選び方，サンプルの数によって異なってくる．つまり標本平均，標本分散は，母平均，母分散と等しい値とは必ずしもいえず，これらを基に母平均，母分散を推定せざるをえない．母集団が正規分布しているならば次のように推定される．

　　　母平均 $\mu = \bar{x}$　　　母分散 $\sigma^2 = V$　　　母標準偏差 $\sigma = \sqrt{V}$

　ある集団についてデータを測定したとき，データの活用目的によって，その集団を母集団として扱うべきか，標本集団となるかは異なってくる．たとえばある中学校でランダムに選んだ何人かの生徒の身長を測定した．そのデータからその中学校の全生徒の平均身長を推定したいというのであれば，その生徒集団は標本集団とみなされる．しかしその選ばれた生徒たちだけを対象とした服をつくるための身長測定であれば，その生徒集団は母集団とみなされる．

Ⅳ　正規分布とその特徴

1. 正規分布

　データの分布（ヒストグラムの形状）が平均を対称軸とした左右対称のつりがね型をしているとき，正確にいえば相対度数yが以下のように示される場合，このような分布を正規分布という．

$$y = \frac{1}{\sqrt{2\pi}\sigma} \exp\left\{-\frac{(x-\mu)^2}{2\sigma^2}\right\}$$

　自然界の事象，たとえば身長，体重，IQ（知能指数）などの分布はほとんどすべて正規分布をなしている．

　一方，社会現象は正規分布にならない場合が多い．たとえば世帯あたりの貯蓄金額や，電話の一通話時間などは，値の大きい側に裾野を引いた分布となる．この場合の代表値は，平均値ではなく，中央値や最頻値が適当である．

　得られたデータが正規分布をなしているかどうかはヒストグラムの形状からだいたい知ることができるが，統計的に把握するためには，正規確率紙の横軸にヒストグラムの各級の右端をとり，縦軸に累積相対度数をプロットし，直線上に並ぶか否かを判定する．前述した女子大学生の体重分布のヒストグラムを正規確率紙にプロットした例を**図15-4**に示す．プロットはほぼ直線上に並び，ほぼ正規分布していることがわかる．

2. 正規分布の特徴

　正規分布においては，データの数nが十分大きい場合（おおむねn≧100）

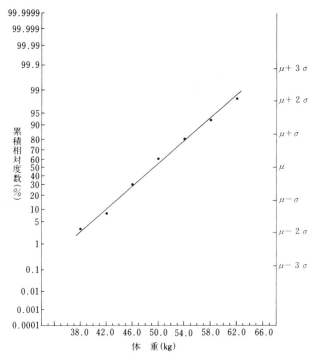

図15-4　正規確率紙にプロットした女子大学生の体重分布

には，$(\bar{x} \pm us)$ の範囲内にあるデータの割合が正規分布表（付表1）の斜線部Aの面積の2倍として求められる．とくに，

　　　$(\bar{x} \pm s)$　　の範囲内には全データの68.26%

　　　$(\bar{x} \pm 2s)$　の範囲内には全データの95.44%

　　　$(\bar{x} \pm 3s)$　の範囲内には全データの99.74%

が存在している．これをそれぞれ1シグマ限界，2シグマ限界，3シグマ限界といっている．

3. パーセンタイル順位

　ある分布において，ある値以下の値をもつデータの数がその分布のa%を占めるとき，その値をaパーセンタイルという．言い換えれば，100個のデータを大小順に並べたときに，小さいほうから数えてa番目のデータ（累積度数が

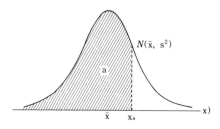

図15-5 パーセンタイル順位

aパーセンタイルとは正規分布曲線の斜線部の面積を示す.

$N(\bar{x}, s^2)$ とは,平均値$\bar{x}$,標準偏差sの正規分布であることを示す.

aのデータ)をaパーセンタイルという.このような表現方法をパーセンタイル順位という.

データが平均値$\bar{x}$,標準偏差sの正規分布をしているとみなせるとき,パーセンタイル順位は**図15-5**に示す正規分布曲線の斜線部の面積aとして説明され,正規分布の特徴に基づき,正規分布表からパーセンタイル順位が求められる.ある値Xのパーセンタイル順位は次のようにして求めることができる.

①$u = \dfrac{\bar{x} - x}{s}$から,uを求める(これを正規化,または標準化という).

②付表1の正規分布表において,そのuに相当するAを求める.

③X＜$\bar{x}$のとき,$a = (0.5 - A) \times 100$パーセンタイル

　X＞$\bar{x}$のとき,$a = (0.5 + A) \times 100$パーセンタイル

　X＝$\bar{x}$のとき,$a = 50$パーセンタイル

この手順を逆に展開すると,あるパーセンタイル順位に対するデータの値も求められる.

4. 信頼区間

標本集団の特性を基にして,母平均の存在すると思われる区間を,ある信頼度の基で推定することを区間推定といい,その区間を信頼区間という.

信頼度$(1 - \alpha) \times 100$％における母平均μの信頼区間は,

$$x - t(\phi \cdot \alpha)\sqrt{\frac{V}{n}} < \mu < x + t(\phi \cdot \alpha)\sqrt{\frac{V}{n}}$$

　　　a：信頼係数（一般に人間工学では $a = 0.05$ または 0.10 を用いることが
　　　　多い）

により得られる．ただし ϕ は自由度といい，$\phi = n - 1$ である．$t(\phi \cdot a)$ の
値は t 表（付表2）から与えられる．信頼区間の意味は，この区間が母平均を
含む確率は $(1 - a) \times 100\%$ である（逆にいえば含まない確率は $a \times 100\%$ で
ある）ということである．またこの式からわかるようにn（サンプル数）を多
くするほど信頼区間を狭めることができる．

V　データの分布状態の把握と比較

1.　箱ひげ図

　データのバラツキ状態（分布状態）を把握し，比較するには，箱ひげ図を用
いるとよい．

　例えば**図15-6**であれば，条件Aに比べて条件Bでは，大きな値が抑えられ
てバラつきが小さくなっていることがわかる．

2.　同一被験者に対して複数の水準で実験を行う場合

　たとえば，同じn人の被験者に条件Aと条件Bとで，パフォーマンスを調べ
る実験を行ったとする．その結果，平均値が同じだったとして，では，条件A
と条件Bとには違いがないといってよいだろうか？　それは何ともいえない．

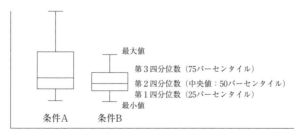

図15-6　箱ひげ図の利用例
条件Bでは大きな値が抑えられてバラツキが
小さくなっていることがわかる．

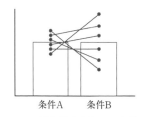

図15-7　平均値が同じで分散が異なる例

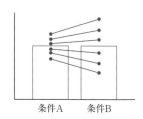

図15-8　平均値が同じで分散が異なり，さらに被験者において拡大・縮小傾向がある例

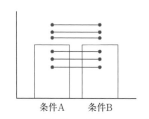

図15-9　平均値，分散ともに差が見られない例

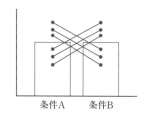

図15-10　平均値，分散ともに違いが見られなくとも効果の傾向が2群に分かれる例

バラツキが異なり，しかもその変化の傾向が被験者により異なるかもしれないからである．**図15-7**では，条件Aと条件Bとでは人によりパフォーマンスの状態が異なる．また**図15-8**では，条件Aでパフォーマンスが良好だった人は，条件Bではさらに良好化し，条件Aで不良だった人は条件Bではさらに不良になるという拡大傾向（条件Bから見れば条件Aは縮小傾向）が見て取れる．

　では，条件A，Bでバラツキ（分散）が同じだとすれば，条件A，Bには違いがないといえるだろうか？　それも何ともいえない．**図15-9**の状態であれば違いがないといえるだろうが，**図15-10**であれば，効果の傾向は，まったく逆の人がいる（被験者は2群に分かれる）ということがわかる．

　対応のある平均値の差の検定は，こうした状態を踏まえた検定法となるが，状態を直感的に把握するためには，これらの図のように，水準間で被験者のプロットを線で結んで観察することが<u>重要</u>になる．

VI 検 定

1. 分散比検定

　2つの中学校で同じ体力測定を行ったところ，平均スコアは両校とも同じであったが，両校の分散はかなり異なっている傾向がうかがわれた（**図15-11**）．A校とB校とでは生徒の体力のバラツキ方に違いがあるといえるだろうか．このような問題に対しては分散比検定を行う．

$$F_0 = V_1/V_2, \quad \phi_1 = n_1 - 1, \quad \phi_2 = n_2 - 1 \quad （ただし V_1 > V_2）$$

　上式によりF_0を求め，F表（付表4）から求めたF（ϕ_1, ϕ_2, a）の値より小さければ，有意差があるとはいえない（a：有意水準）．

2. 平均値の差の検定

　平均値の差の検定とは，要因を変化させて測定した2つのデータの分布の平均値が統計的に有意に異なるといえるかなどを検討するものである（**図15-12**）．

　平均値の差の検定には，問題構成により**表15-3**の4つのパターンがある．3つ以上の組についての平均値の差の検定には分散分析法が用いられる．

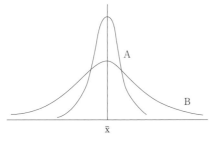

図15-11　平均は同じだが分散の異なる
2つの集団（分散比の検定）

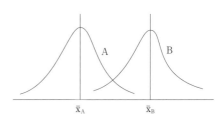

図15-12　分散は同じだが平均が異なる2つの集団（2つの集団A，Bの平均値の差の検定）

表15-3 平均値の差の検定のパターン

---

① 母平均，母標準偏差が既知で，標本集団は平均値のみ既知

$$|u_0| = (\bar{x} - \mu_0)/(\sigma/\sqrt{n})$$

求められた$|u_0|$の値が，正規分布表のu(α)より大きければ有意差ありと判定される．αは有意水準．

(例) A県の小学生全員に統一テストを行った結果は，$N(55, 12^2)$であった．A県のB小学校では，適当に選んだ児童35人の平均点は59点であった．この小学校は，A県の中では優秀な児童が集まっているといえるか？

(答) $|u_0| = (59-55)/(12/\sqrt{35}) = 1.97 > 1.64 = u(0.05)$
したがって優秀といえる（有意水準5％片側検定）．

---

② 母平均既知，母標準偏差は未知で，標本集団は平均値と標準偏差が既知

$$|t_0| = (\bar{x} - \mu_0)/(\sqrt{V}/\sqrt{n})$$

求められた$|t_0|$の値が，t表のt(ϕ, α)より大きければ有意差ありと判定される．ϕは自由度（$\phi = n-1$）．

(例) A県で小学校5年生に対して統一テストを行ったところ，平均55点であった．B小学校の児童20人のテストの結果は，$N(59, 10^2)$であったという．B小学校の成績は，A県平均と異なるといえるか？

(答) $|t_0| = (59-55)/(\sqrt{10^2}/\sqrt{20}) = 1.79 < 2.09 = t(0.05, 19)$
したがって異なるとはいえない（有意水準5％両側検定）．

---

③ 2つの集団ABの平均値の差の検定（等分散が保障されているとき）

$$|t_0| = (\bar{x}_A - \bar{x}_B)/(\sqrt{(1/n_A + 1/n_B)} \cdot \sqrt{V})$$

ただし $V = (S_A + S_B)/(n_A + n_B - 2)$

求められた$|t_0|$の値が，t表のt(ϕ, α)より大きければ有意差ありと判定される．ϕは自由度（$\phi = n_A + n_B - 2$）．

(例) 同一人について作業負荷前後に反応時間を10回ずつ調べた結果は，次のとおりであった．双方の分散に有意差がないとして，反応時間に差異があるといえるか？

負荷前（条件①）「68, 71, 70, 75, 71, 73, 67, 70, 74, 70」
負荷後（条件②）「73, 77, 74, 73, 73, 72, 75, 78, 76, 78」

(答) $|t_0| = (70.9 - 74.9)/(\sqrt{(1/10 + 1/10)} \cdot \sqrt{5.66})$
$= 3.54 > 2.101 = t(18, 0.05)$
$(V = (56.9 + 44.9)/(10 + 10 - 2) = 5.66)$
したがって異なるといえる（有意水準5％両側検定）．

---

④ 対応のある平均値の差の検定

$$|t_0| = \bar{d}/(\sqrt{V_d}/\sqrt{n})$$

ただし$\bar{d}$は，d = x - y の平均値，V_dはその不偏分散

求められた$|t_0|$の値が，t表のt(ϕ, α)より大きければ有意差ありと判定される．ϕは自由度（$\phi = n-1$），nはデータの組の数．

(例) 5人の患者（A〜E）に薬を与え，その前後である血中成分量を調べたところ，次のとおりであった．服薬の前後で，成分量に違いがあるといえるか？

	A	B	C	D	E
服薬前	10.5	12.5	20.0	35.0	100.0
服薬後	9.5	8.5	18.0	33.0	101.0
差 d	1.0	4.0	2.0	2.0	-1.0

(答) $|t_0| = 1.6/(\sqrt{3.3}/\sqrt{5}) = 1.969 < 2.776 = t(4, 0.05)$
したがって異なるとはいえない（有意水準5％両側検定）．

VII　相関と回帰

1.　相　関

　図15-13は男性の被験者に自転車エルゴメータ，および走行作業を行わせたときの体重と最大酸素摂取量との関係を調べた散布図である．体重が増加すると，これに伴って最大酸素摂取量も直線的に増加するという関係がみられる．このように2つの値が組になっているとき，その直線的な関係の強さを示す指標として相関係数 r が用いられる．

$$r = \frac{Sxy}{\sqrt{Sx \cdot Sy}}$$
$$Sxy = \Sigma (x_i - \overline{x})(y_i - \overline{y})$$
$$Sx = \Sigma (x_i - \overline{x})^2$$
$$Sy = \Sigma (y_i - \overline{y})^2$$

　相関係数は $|r| \leqq 1$ の範囲をとり，その値と2つの値の関係の強さは**図15-14**に示すとおりである．

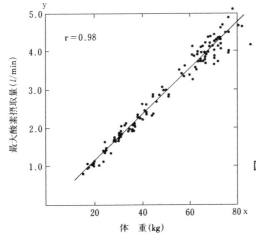

図15-13　体重と最大酸素摂取量の関係

(P. O. Åstrand, K. Rodahl：朝比奈一男監訳：運動生理学，大修館書店，1976より)

226

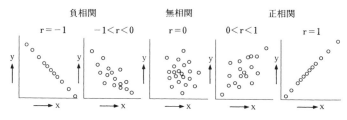

図15-14 負相関，無相関，正相関

なお，相関係数rの値がゼロに近いからといっ
て，xとyとの間に関係がないとはいえない．**図
5-15**のような場合があるからである．相関係数を
求める前に，散布図を描いて2つの値の関係性を確
認する必要がある．

2. 回　帰

相関がきわめて強い場合には，一方の値から他方
の値を推定できる．その推定の直線を回帰直線とい
い，xからyに対する回帰直線は次式で求められる．

$$y = a + bx$$

ただし，$a = \bar{y} - b\bar{x}$，$b = \dfrac{Sxy}{Sx} = r \cdot \dfrac{sy}{sx}$

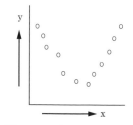

図15-15 相関係数がゼ
ロに近くともx
とyとの間に関
係性がある例

図15-13の場合はy = − 0.108 + 0.060 xとなり，体重（kg）から最大酸素摂
取量（*l*/min）が推定できることとなる．

Ⅷ　多変量解析法

多数のデータのもつ背後関係を調べたり（記述モデル），得られたデータを
基に未知の事象を予測する（予測モデル）ための統計的方法を総称して，多変
量解析法という．人間工学領域でも多用されている．パーソナルコンピュータ
用のプログラムパッケージで簡単に解析ができる．主な手法とその特徴を**表
15-4**に示す．

表15-4　多変量解析法の主な手法とその特徴

	手　法	特　　　徴
予測モデル	重回帰分析	回帰分析で説明変数が複数ある場合の予測方法．複数の説明変数の値をもとに被説明変数の値を予測する． 　適用例：持久力は年齢と筋力によって予測できると考え，多数の人について持久力，年齢，筋力を調べた．この結果， 　持久力$(y)=7.85+0.06\,x_1+1.52\,x_2$（ただし，$x_1$：年齢，$x_2$：筋力） という重回帰式が得られた．このことから，今後は年齢と筋力さえ測定すれば，その人の持久力が予測できる．たとえば年齢41，筋力6の人の持久力は19.4と予測される．
	判別分析	標本集団が成績優秀群，不良群などと2つのグループに分かれている場合，新たに標本をとってきたとき，その標本の特徴をもとにそれがどちらのグループに分類されるかを判別式によって予測（判定）する． 　適用例：ある学校である体力テストを行ったところ，体力優秀群と不良群とに分かれ，筋力・瞬発力・肺活量が関係しているようであった．測定結果をもとに判別式を作成したところ， 　$f=0.05\,x_1-0.29\,x_2+0.05\,x_3$ 　（ただし，x_1：筋力，x_2：瞬発力，x_3：肺活量，判別境界値：0） という結果を得た．このことから，ある生徒が筋力5，瞬発力2，肺活量4であるなら，この生徒は$f=-1.11$で判別境界値（0）より小さい値となり，この学校では体力不良群に属すると判定される． 度数 不良群の分布　　優秀群の分布 判別境界値
	数量化理論I類	重回帰分析と同様の考え方であるが，○×で示される質的データを扱う場合に適用される． 　適用例：あるテストの成績は年代（若年・中年・高年），および職業（事務系・技術系）による影響を受けると思われる．そこで多数の人についてテストの成績とこれら属性を調べ，数量化理論I類をあてはめたところ，次の予測式を得た． 　成績$(y)=5.2+2.3\,x_1+0.6\,x_2+0.5\,x_3$ 　　ただし，年代：若年なら$x_1=1$，$x_2=0$　　職業：事務系なら$x_3=1$ 　　　　　　中年なら$x_1=0$，$x_2=1$　　　　　　技術系なら$x_3=0$ 　　　　　　高年なら$x_1=0$，$x_2=0$ すると若年の事務系の人は，このテストで8点をとれると予想される（$x_1=1$，$x_2=0$，$x_3=1$）．
	数量化理論II類	判別分析と同様の考え方であるが，○×で示される質的データを扱う場に適用される． 　適用例：ある地区である体力テストを行ったところ，体力優秀群と不良群とに分かれ，年代（若年・中年・高年），職業（事務系・技術系）が影響しているようであった．テストの成績と属性データに数量化理論II類をあてはめたところ，次の判別式を得た．

表15-4 （つづき）

	手　法	特　　徴
予測モデル	数量化理論 II類 （つづき）	$f=1.05\,x_1-2.29\,x_2+5.26\,x_3$ 　ただし，年代：若年なら $x_1=1$, $x_2=0$　　職業：事務系なら $x_3=1$ 　　　　　　　中年なら $x_1=0$, $x_2=1$　　　　　　技術系なら $x_3=0$ 　　　　　　　高年なら $x_1=0$, $x_2=0$ なお，判別境界値は 1.43 であった. このことから若年・技術系の人は，この地区では体力不良群に属すると予測される（$x_1=1$, $x_2=1$, $x_3=1$, $f=1.05<$判別境界値）.
記述モデル	主成分分析	多種の測定データ（変量）に共通する変動（主成分）を明らかにし，これにより多数の種類の変量をいくつかの主成分に集約して理解しようとするもの. 　適用例：身長，座高，前腕長，胸囲，胴回りなどの身体計測データを主成分分析したところ，"身長，座高，前腕長などの長さ関係の主成分"と"胸囲，胴回りなどの太さ関係の主成分"が得られた. このことは人間の身体の特徴は長さ，太さに集約して理解できることを意味している.
	因子分析	測定されたデータ（変量）の背後に潜む本質的な要因を明らかにする. 　適用例：国語，英語，理科，数学の4種類のテストの結果を因子分析したところ，"国語，英語"に高い相関（因子負荷量）をもつ因子と，"理科，数学"に高い因子負荷量をもつ因子が得られた. これより，人間の教科理解能力は語学と数理の2つの能力から基本的に構成されていると考えられる.
	数量化理論 III類	因子分析と同様の考え方であるが，○×の質的データを扱う場合に適用される. 　適用例：囲碁，書道，スキー，ボーリング，ハイキング，園芸などの趣味活動の経験を○×で答えてもらったアンケートを数量化理論III類で解析したところ，"囲碁，書道"軸，"スキー，ボーリング"，"ハイキング，園芸"軸の3軸が得られた. このことから，趣味活動というものは文化活動，スポーツ活動，マイホーム活動とに分かれるといえる.
	数量化理論 IV類	複数項目間の距離（類似性）を表すデータをもとに，それら各項目の相互関係の深さを明らかにする. 　適用例：ある会社で総務，人事，経理，営業，研究の5部門間での相互の電話の回数を調べた. 回数が多いほど距離が短い（関係が深い）と考え，この結果を数量化理論IV類で解析した. その結果，総務，人事，経理はほぼ同じスコアをとったが，営業は少し大きなスコアであり，研究ははなはだしく大きなスコアをとった. このことから，総務，人事，経理は関係がきわめて深いが，営業は多少離れ，研究は他の部門とはほとんど関係ないといえる.
	クラスター分析	複数項目間の距離（類似性）を表すデータをもとに，それら項目の関係を明らかにすると同時に，項目のグループ化（クラスター化）を行う. 結果は樹系図（デンドログラム）に示されるので，項目のまとまり方が視覚的，直観的にわかる. 　適用例：数量化理論IV類のデータをもとにクラスター分析したところ，右のようなデンドログラムが得られた. このことから，"(総務・経理)・人事"が同じグループといえ，営業は多少ずれていること，研究はこれら4部門とははなはだしく異なっていることがわかる. 総務　経理　人事　営業　研究

問　　題

(1) 自分の身長，体重のパーセンタイル値を求めよ（平均値，標準偏差には
表3-2の値を用いよ）．また**表3-2**を用いて日本人20歳，男・女の5，50，
95パーセンタイル身長を求めよ．

(2) 身長，体重，下肢長，腹囲のデータをもちより，これら4指標の間でお
のおの相関係数を求めよ．またその結果を基に人体プロポーションについ
て考察せよ．

(3) 統計的方法：以下の統計的方法は人間工学においてしばしば用いられる
統計的方法である．その詳細について文献で調査せよ．
　　a．ラテン方格による実験の割付
　　b．直交配列による実験の割付
　　c．二元配置，三元配置の分散分析法
　　d．分割表による計数値の検定
　　e．順位相関
　　f．自己相関

(4) 多変量解析：**表15-4**で示した多変量解析の各方法について，人間工学
領域での利用例を文献調査せよ．

(5) 自由記述式アンケート結果（フリーアンサー）の分析手法として，テキ
ストマイニング（text mining）がある．利用例を文献調査せよ．

(6) 人を対象とする研究について，倫理委員会の役割を調査せよ．またその
意義について考察せよ．

参考文献

　本書はきわめて多くの文献，書籍を参照し執筆したが，とくに参考とし，読者にも推奨される文献を示す（改版されたものは最新版で記載した）．これらのなかには発行年こそ古いが人間工学の基本となる良書が含まれている．

【基礎的な事項】（1〜3章）
1）中尾喜保：生体の観察，メヂカルフレンド社，1981.
2）大山　正，今井省吾，和気典二（編）：新編　感覚・知覚心理学ハンドブック，誠信書房，1994.
3）真島英信：生理学（新装版），文光堂，2018.
4）伊藤謙治，他（編）：人間工学ハンドブック，朝倉書店，2003.
5）産業技術総合研究所人間福祉医工学研究部門（編）：人間計測ハンドブック，朝倉書店，2003.
6）大島正光（監）：人間工学の百科事典，丸善出版，2005.
7）人間生活工学研究センター（編）：ワークショップ人間生活工学（全4巻），丸善出版，2005.

【ハード的な側面】（4〜6章）
1）F. ケラーマン，他（編）：人間工学の指針，日本出版サービス，1995.
2）岡田　明，他：初めて学ぶ人間工学，理工図書，2016.
3）Eastman Kodak Co：Ergonomic Design for People at Work, Wiley, 1989.
4）W. E. Woodson, et al.：Human Factors Design Handbook：Information and Guidelines for the Design of Systems, Facilities, Equipment and Products for Human, McGraw-Hill Professional Pub, 1992.
5）E. Grandjean, et al.：Fitting the Task to the Human. A Textbook of Occupational Ergonomics, 5th ed., CRC Press, 1997.
6）B. Tillman, et al.：Human Factors and Ergonomics Design Handbook, McGraw-Hill Professional Pub, 2016.

【ソフト的な側面】（7〜8章）
1）黒須正明：ユーザビリティテスティング─ユーザ中心のものづくりに向けて，共立出版，2003.
2）ユーザビリティハンドブック編集委員会（編）：ユーザビリティハンドブック，共立出版，2007.
3）ジェフ・ジョンソン，他（著），榊原直樹（訳）：高齢者のためのユーザインタフェースデザイン─ユニバーサルデザインを目指して，近代科学社，2019.

【環境的な側面】（9〜10章）

1) 小島武男，他：現代建築環境計画，オーム社，1983.
2) 日本生体医工学会ME技術教育委員会（監），ME技術講習会テキスト編集委員会（編）：MEの基礎知識と安全管理，改訂第7版，南江堂，2020.

【人間工学の方法・統計手法】（11〜13章，15章）

1) 佐藤　信：官能検査入門，日科技連，1978.
2) 佐藤　信：統計的官能検査法，日科技連，1985.
3) 人間生活工学研究センター（編）：人間生活工学商品開発実践ガイド，日本出版サービス，2002.
4) 持丸正明，他（編）：子ども計測ハンドブック，朝倉書店，2013.
5) 山崎和彦，他：人間中心設計入門，HCDライブラリー，近代科学社，2016.
6) 小松原明哲：安全人間工学の理論と技術　ヒューマンエラー防止と現場力の向上，丸善出版，2016.
7) 黒須正明：UX原論　ユーザビリティからUXへ，近代科学社，2020.

【人間工学の技法】（14章）

1) 生命工学工業技術研究所（編）：設計のための人体寸法データ集，人間生活工学研究センター，日本出版サービス（発売），1996.
2) 通商産業省工業技術院（監）：成人男子の人体計測データ（JIS L4004），人間生活工学研究センター，1996.
3) 通商産業省工業技術院（監）：成人女子の人体計測データ（JIS L4005），人間生活工学研究センター，1997.
4) 日本人の人体計測データ，人間生活工学研究センター，1997.
5) 沼尻幸吉：活動のエネルギー代謝，労働科学研究所出版部，1974.
6) 加藤象二郎，他：初学者のための生体機能の測り方，日本出版サービス，2006.

$$A = \frac{1}{\sqrt{2\pi}} \int_0^u e^{-\frac{u^2}{2}} du$$

付表1 正規分布

u	A	u	A	u	A	u	A	u	A
.00	.00000	.40	.15542	.80	.28815	1.20	.38493	1.60	.44520
.01	.00399	.41	.15910	.81	.29103	1.21	.38686	1.61	.44630
.02	.00798	.42	.16276	.82	.29389	1.22	.38877	1.62	.44738
.03	.01197	.43	.16640	.83	.29673	1.23	.39067	1.63	.44845
.04	.01595	.44	.17003	.84	.29955	1.24	.39251	1.64	.44950
.05	.01994	.45	.17365	.85	.30234	1.25	.39435	1.65	.45053
.06	.02392	.46	.17724	.86	.30511	1.26	.39617	1.66	.45154
.07	.02790	.47	.18082	.87	.30785	1.27	.39796	1.67	.45254
.08	.03188	.48	.18439	.88	.31057	1.28	.39973	1.68	.45352
.09	.03586	.49	.18793	.89	.31327	1.29	.40148	1.69	.45449
.10	.03983	.50	.19146	.90	.31594	1.30	.40320	1.70	.45543
.11	.04380	.51	.19497	.91	.31859	1.31	.40490	1.71	.45637
.12	.04776	.52	.19847	.92	.32121	1.32	.40658	1.72	.45728
.13	.05172	.53	.20194	.93	.32381	1.33	.40824	1.73	.45819
.14	.05567	.54	.20540	.94	.32639	1.34	.40988	1.74	.45907
.15	.05962	.55	.20884	.95	.32894	1.35	.41149	1.75	.45994
.16	.06356	.56	.21226	.96	.33147	1.36	.41309	1.76	.46080
.17	.06750	.57	.21566	.97	.33398	1.37	.41466	1.77	.46164
.18	.07142	.58	.21904	.98	.33646	1.38	.41621	1.78	.46246
.19	.07535	.59	.22241	.99	.33891	1.39	.41774	1.79	.46327
.20	.07926	.60	.22575	1.00	.34135	1.40	.41924	1.80	.46407
.21	.08317	.61	.22907	1.01	.34375	1.41	.42073	1.81	.46485
.22	.08706	.62	.23237	1.02	.34614	1.42	.42220	1.82	.46562
.23	.09095	.63	.23565	1.03	.34850	1.43	.42364	1.83	.46638
.24	.09484	.64	.23891	1.04	.35083	1.44	.42507	1.84	.46712
.25	.09871	.65	.24215	1.05	.35314	1.45	.42647	1.85	.46784
.26	.10257	.66	.24537	1.06	.35543	1.46	.42786	1.86	.46856
.27	.10642	.67	.24857	1.07	.35769	1.47	.42922	1.87	.46926
.28	.11026	.68	.25175	1.08	.35993	1.48	.43056	1.88	.46995
.29	.11409	.69	.25490	1.09	.36214	1.49	.43189	1.89	.47062
.30	.11791	.70	.25804	1.10	.36433	1.50	.43319	1.90	.47128
.31	.12172	.71	.26115	1.11	.36650	1.51	.43448	1.91	.47193
.32	.12552	.72	.26424	1.12	.36864	1.52	.43574	1.92	.47257
.33	.12930	.73	.26731	1.13	.37076	1.53	.43699	1.93	.47320
.34	.13307	.74	.27035	1.14	.37286	1.54	.43822	1.94	.47381
.35	.13683	.75	.27337	1.15	.37493	1.55	.43943	1.95	.47441
.36	.14058	.76	.27637	1.16	.37698	1.56	.44062	1.96	.47500
.37	.14431	.77	.27935	1.17	.37900	1.57	.44179	1.97	.47558
.38	.14803	.78	.28231	1.18	.38100	1.58	.44295	1.98	.47615
.39	.15173	.79	.28524	1.19	.38298	1.59	.44408	1.99	.47670

付表1 （つづき）

u	A	u	A	u	A	u	A	u	A
2.00	.47725	2.40	.49180	2.80	.49745	3.20	.49931	3.60	.49984
2.01	.47778	2.41	.49202	2.81	.49752	3.21	.49934	3.61	.49985
2.02	.47831	2.42	.49224	2.82	.49760	3.22	.49936	3.62	.49985
2.03	.47882	2.43	.49245	2.83	.49767	3.23	.49938	3.63	.49986
2.04	.47933	2.44	.49266	2.84	.49774	3.24	.49940	3.64	.49986
2.05	.47982	2.45	.49286	2.85	.49781	3.25	.49942	3.65	.49987
2.06	.48030	2.46	.49305	2.86	.49788	3.26	.49944	3.66	.49987
2.07	.48077	2.47	.49324	2.87	.49795	3.27	.49946	3.67	.49988
2.08	.48124	2.48	.49343	2.88	.49801	3.28	.49948	3.68	.49988
2.09	.48169	2.49	.49361	2.89	.49807	3.29	.49950	3.69	.49989
2.10	.48214	2.50	.49379	2.90	.49813	3.30	.49952	3.70	.49989
2.11	.48257	2.51	.49396	2.91	.49819	3.31	.49953	3.71	.49990
2.12	.48300	2.52	.49413	2.92	.49825	3.32	.49955	3.72	.49990
2.13	.48341	2.53	.49430	2.93	.49831	3.33	.49957	3.73	.49990
2.14	.48382	2.54	.49446	2.94	.49836	3.34	.49958	3.74	.49991
2.15	.48422	2.55	.49461	2.95	.49841	3.35	.49960	3.75	.49991
2.16	.48461	2.56	.49477	2.96	.49846	3.36	.49961	3.76	.49992
2.17	.48500	2.57	.49492	2.97	.49851	3.37	.49962	3.77	.49992
2.18	.48537	2.58	.49506	2.98	.49856	3.38	.49964	3.78	.49992
2.19	.48574	2.59	.49520	2.99	.49861	3.39	.49965	3.79	.49993
2.20	.48610	2.60	.49534	3.00	.49865	3.40	.49966	3.80	.49993
2.21	.48645	2.61	.49547	3.01	.49869	3.41	.49968	3.81	.49993
2.22	.48679	2.62	.49560	3.02	.49874	3.42	.49969	3.82	.49993
2.23	.48713	2.63	.49573	3.03	.49878	3.43	.49970	3.83	.49994
2.24	.48745	2.64	.49586	3.04	.49882	3.44	.49971	3.84	.49994
2.25	.48778	2.65	.49598	3.05	.49886	3.45	.49972	3.85	.49994
2.26	.48809	2.66	.49609	3.06	.49889	3.46	.49973	3.86	.49994
2.27	.48840	2.67	.49621	3.07	.49893	3.47	.49974	3.87	.49995
2.28	.48870	2.68	.49632	3.08	.49897	3.48	.49975	3.88	.49995
2.29	.48899	2.69	.49643	3.09	.49900	3.49	.49976	3.89	.49995
2.30	.48928	2.70	.49653	3.10	.49903	3.50	.49977	3.90	.49995
2.31	.48956	2.71	.49664	3.11	.49907	3.51	.49978	3.91	.49995
2.32	.48983	2.72	.49674	3.12	.49910	3.52	.49978	3.92	.49996
2.33	.49010	2.73	.49683	3.13	.49913	3.53	.49979	3.93	.49996
2.34	.49036	2.74	.49693	3.14	.49916	3.54	.49980	3.94	.49996
2.35	.49061	2.75	.49702	3.15	.49918	3.55	.49981	3.95	.49996
2.36	.49086	2.76	.49711	3.16	.49921	3.56	.49982	3.96	.49996
2.37	.49111	2.77	.49720	3.17	.49924	3.57	.49982	3.97	.49996
2.38	.49134	2.78	.49728	3.18	.49926	3.58	.49983	3.98	.49997
2.39	.49158	2.79	.49737	3.19	.49929	3.59	.49984	3.99	.49997

付表2　t分布　$\alpha_r||t| \geqq t_0|$

ϕ ＼ α_r	0.50	0.25	0.10	0.05	0.025	0.010	0.005
1	1.00000	2.4142	6.3138	12.706	25.452	63.657	127.32
2	0.81650	1.6036	2.9200	4.3027	6.2053	9.9248	14.089
3	0.76489	1.4226	2.3534	3.1825	4.1765	5.8409	7.4533
4	0.74070	1.3444	2.1318	2.7764	3.4954	4.6041	5.5976
5	0.72669	1.3009	2.0150	2.5706	3.1634	4.0321	4.7733
6	0.71756	1.2733	1.9432	2.4469	2.9687	3.7074	4.3168
7	0.71114	1.2543	1.8946	2.3646	2.8412	3.4995	4.0293
8	0.70639	1.2403	1.8595	2.3060	2.7515	3.3554	3.8325
9	0.70272	1.2297	1.8331	2.2622	2.6850	3.2493	3.6897
10	0.69981	1.2213	1.8125	2.2281	2.6338	3.1693	3.5814
11	0.69745	1.2145	1.7959	2.2010	2.5931	3.1058	3.4966
12	0.69548	1.2089	1.7823	2.1788	2.5600	3.0545	3.4284
13	0.69384	1.2041	1.7709	2.1604	2.5326	3.0123	3.3725
14	0.69242	1.2001	1.7613	2.1448	2.5096	2.9768	3.3257
15	0.69120	1.1967	1.7530	2.1315	2.4899	2.9467	3.2860
16	0.69013	1.1937	1.7459	2.1199	2.4729	2.9208	3.2520
17	0.68919	1.1910	1.7396	2.1098	2.4581	2.8982	3.2225
18	0.68837	1.1887	1.7341	2.1009	2.4450	2.8784	3.1966
19	0.68763	1.1866	1.7291	2.0930	2.4334	2.8609	3.1737
20	0.68696	1.1848	1.7247	2.0860	2.4231	2.8453	3.1534
21	0.68635	1.1831	1.7207	2.0796	2.4138	2.8314	3.1352
22	0.68580	1.1816	1.7171	2.0739	2.4055	2.8188	3.1188
23	0.68531	1.1802	1.7139	2.0687	2.3979	2.8073	3.1040
24	0.68485	1.1789	1.7109	2.0639	2.3910	2.8969	3.0905
25	0.68443	1.1777	1.7081	2.0595	2.3846	2.7874	3.0782
26	0.68405	1.1766	1.7056	2.0555	2.3788	2.7787	3.0669
27	0.68370	1.1757	1.7033	2.0518	2.3734	2.7707	3.0565
28	0.68335	1.1748	1.7011	2.0484	2.3685	2.7633	3.0469
29	0.68304	1.1739	1.6911	2.0452	2.3638	2.7564	3.0380
30	0.68276	1.1731	1.6973	2.0423	2.3596	2.7500	3.0298
40	0.68066	1.1673	1.6839	2.0211	2.3289	2.7045	2.9712
60	0.67862	1.1616	1.6707	2.0003	2.2991	2.6603	2.9146
120	0.67656	1.1559	1.6577	1.9799	2.2699	2.6174	2.8599
∞	0.67449	1.1503	1.6449	1.9600	2.2414	2.5758	2.8070

片側検定のときは,αの値を2倍する.

付表3 母平均 μ に関する検定に必要なサンプル数 （$H_0 : \mu_A = \mu_B$）
  α_1：片側検定，α_2：両側検定
 a $\alpha_1 = 0.10\,(\alpha_2 = 0.20)$

検出力 $1-\beta$ ＼ d	.10	.20	.30	.40	.50	.60	.70	.80	1.00	1.20	1.40
.25	74	19	9	5	3	3	2	2	2	2	2
.50	329	82	37	21	14	10	7	5	4	3	2
.60	471	118	53	30	19	14	10	8	5	4	3
2/3	586	147	65	37	24	17	12	10	6	4	3
.70	653	163	73	41	27	19	14	11	7	5	4
.75	766	192	85	48	31	22	16	13	8	6	4
.80	902	226	100	57	36	26	19	14	10	7	5
.85	1075	269	120	67	43	30	22	17	11	8	6
.90	1314	329	146	82	53	37	27	21	14	10	7
.95	1713	428	191	107	69	48	35	27	18	12	9
.99	2604	651	290	163	104	73	53	41	26	18	14

 b $\alpha_1 = 0.05\,(\alpha_2 = 0.10)$

検出力 $1-\beta$ ＼ d	.10	.20	.30	.40	.50	.60	.70	.80	1.00	1.20	1.40
.25	189	48	21	12	8	6	5	4	3	2	2
.50	542	136	61	35	22	16	12	9	6	5	4
.60	721	181	81	46	30	21	15	12	8	6	5
2/3	862	216	96	55	35	25	18	14	9	7	5
.70	942	236	105	60	38	27	20	15	10	7	6
.75	1076	270	120	68	44	31	23	18	11	8	6
.80	1237	310	138	78	50	35	26	20	13	9	7
.85	1438	360	160	91	58	41	30	23	15	11	8
.90	1713	429	191	108	69	48	36	27	18	13	10
.95	2165	542	241	136	87	61	45	35	22	16	12
.99	3155	789	351	198	127	88	65	50	32	23	17

 c $\alpha_1 = 0.025\,(\alpha_2 = 0.05)$

検出力 $1-\beta$ ＼ d	.10	.20	.30	.40	.50	.60	.70	.80	1.00	1.20	1.40
.25	332	84	38	22	14	10	8	6	5	4	3
.50	769	193	86	49	32	22	17	13	9	7	5
.60	981	246	110	62	40	28	21	16	11	8	6
2/3	1144	287	128	73	47	33	24	19	12	9	7
.70	1235	310	138	78	50	35	26	20	13	10	7
.75	1389	348	155	88	57	40	29	23	15	11	8
.80	1571	393	175	99	64	45	33	26	17	12	9
.85	1797	450	201	113	73	51	38	29	19	14	10
.90	2102	526	234	132	85	59	44	34	22	16	12
.95	2600	651	290	163	105	73	54	42	27	19	14
.99	3675	920	409	231	148	103	76	58	38	27	20

付表3　（つづき）

d　$\alpha_1 = 0.01(\alpha_2 = 0.02)$

検出力 $1-\beta$ ＼ d	.10	.20	.30	.40	.50	.60	.70	.80	1.00	1.20	1.40
.25	547	138	62	36	24	17	13	10	7	5	4
.50	1083	272	122	69	45	31	24	18	12	9	7
.60	1332	334	149	85	55	38	29	22	15	11	8
2/3	1552	382	170	97	62	44	33	25	17	12	9
.70	1627	408	182	103	66	47	35	27	18	13	10
.75	1803	452	202	114	74	52	38	30	20	14	11
.80	2009	503	224	127	82	57	42	33	22	15	12
.85	2263	567	253	143	92	64	48	37	24	17	13
.90	2605	652	290	164	105	74	55	42	27	20	15
.95	3155	790	352	198	128	89	66	51	33	23	18
.99	4330	1084	482	272	175	122	90	69	45	31	23

e　$\alpha_1 = 0.005(\alpha_2 = 0.01)$

検出力 $1-\beta$ ＼ d	.10	.20	.30	.40	.50	.60	.70	.80	1.00	1.20	1.40
.25	725	183	82	47	31	22	17	13	9	7	6
.50	1329	333	149	85	55	39	29	22	15	11	9
.60	1603	402	180	102	66	46	34	27	18	13	10
2/3	1810	454	203	115	74	52	39	30	20	14	11
.70	1924	482	215	122	79	55	41	32	21	15	12
.75	2108	528	236	134	86	60	45	35	23	17	13
.80	2338	586	259	148	95	67	49	38	25	18	14
.85	2611	654	292	165	106	74	55	43	28	20	15
.90	2978	746	332	188	120	84	62	48	31	22	17
.95	3564	892	398	224	144	101	74	57	37	26	20
.99	4808	1203	536	302	194	136	100	77	50	35	26

原出典：J. Cohen：Statistical Power Analysis for the Behavioral Sciences, Academic Press, 1977 の Table 2. 4. 1（丹後俊郎：医学への統計学，古川俊之監，朝倉書店，pp. 175〜176，1983）

付表4 F 表（上段0.05，下段0.01）

ϕ_1 / ϕ_2	1	2	3	4	5	6	7	8	9	10	15	20	30	40
2	18.5	19.0	19.2	19.2	19.3	19.3	19.4	19.4	19.4	19.4	19.4	19.4	19.5	19.5
	98.5	99.0	99.2	99.2	99.3	99.3	99.4	99.4	99.4	99.4	99.4	99.4	99.5	99.5
3	10.1	9.55	9.28	9.12	9.01	8.94	8.89	8.85	8.81	8.79	8.70	8.66	8.62	8.59
	34.1	30.8	29.5	28.7	28.2	27.9	27.7	27.5	27.3	27.2	26.9	26.7	26.5	26.4
4	7.71	6.94	6.59	6.39	6.26	6.16	6.09	6.04	6.00	5.96	5.86	5.80	5.75	5.72
	21.2	18.0	16.7	16.0	15.5	15.2	15.0	14.8	14.7	14.5	14.2	14.0	13.8	13.7
5	6.61	5.79	5.41	5.19	5.05	4.95	4.88	4.82	4.77	4.74	4.62	4.56	4.50	4.46
	16.3	13.3	12.1	11.4	11.0	10.7	10.5	10.3	10.2	10.1	9.72	9.55	9.38	9.29
6	5.99	5.14	4.76	4.53	4.39	4.28	4.21	4.15	4.10	4.06	3.94	3.87	3.81	3.77
	13.7	10.9	9.78	9.15	8.75	8.47	8.26	8.10	7.98	7.87	7.56	7.40	7.23	7.14
7	5.59	4.74	4.35	4.12	3.97	3.87	3.79	3.73	3.68	3.64	3.51	3.44	3.38	3.34
	12.2	9.55	8.45	7.85	7.46	7.19	6.99	6.84	6.72	6.62	6.31	6.16	5.99	5.91
8	5.32	4.46	4.07	3.84	3.69	3.58	3.50	3.44	3.39	3.35	3.22	3.15	3.08	3.04
	11.3	8.65	7.59	7.01	6.63	6.37	6.18	6.03	5.91	5.81	5.52	5.36	5.20	5.12
9	5.12	4.26	3.86	3.63	3.48	3.37	3.29	3.23	3.18	3.14	3.01	2.94	2.86	2.83
	10.6	8.02	6.99	6.42	6.06	5.80	5.61	5.47	5.35	5.26	4.96	4.81	4.65	4.57
10	4.96	4.10	3.71	3.48	3.33	3.22	3.14	3.07	3.02	2.98	2.84	2.77	2.70	2.66
	10.0	7.56	6.55	5.99	5.64	5.39	5.20	5.06	4.94	4.85	4.56	4.41	4.25	4.17
12	4.75	3.89	3.49	3.26	3.11	3.00	2.91	2.85	2.80	2.75	2.62	2.54	2.47	2.43
	9.33	6.93	5.95	5.41	5.06	4.82	4.64	4.50	4.39	4.30	4.01	3.86	3.70	3.62
14	4.60	3.74	3.34	3.11	2.96	2.85	2.76	2.70	2.65	2.60	2.46	2.39	2.31	2.27
	8.86	6.51	5.56	5.04	4.70	4.46	4.28	4.14	4.03	3.94	3.66	3.51	3.35	3.27
16	4.49	3.63	3.24	3.01	2.85	2.74	2.66	2.59	2.54	2.49	2.35	2.28	2.19	2.15
	8.53	6.23	5.29	4.77	4.44	4.20	4.03	3.89	3.78	3.69	3.41	3.26	3.10	3.02
18	4.41	3.55	3.16	2.93	2.77	2.66	2.58	2.51	2.46	2.41	2.27	2.19	2.11	2.06
	8.29	6.01	5.09	4.58	4.25	4.01	3.84	3.71	3.60	3.51	3.23	3.08	2.92	2.84
20	4.35	3.49	3.10	2.87	2.71	2.60	2.51	2.45	2.39	2.35	2.20	2.12	2.04	1.99
	8.10	5.85	4.94	4.43	4.10	3.87	3.70	3.56	3.46	3.37	3.09	2.94	2.78	2.69
25	4.24	3.39	2.99	2.76	2.60	2.49	2.40	2.34	2.28	2.24	2.09	2.01	1.92	1.87
	7.77	5.57	4.68	4.18	3.86	3.63	3.46	3.32	3.22	3.13	2.85	2.70	2.54	2.45
30	4.17	3.32	2.92	2.69	2.53	2.42	2.33	2.27	2.21	2.16	2.01	1.93	1.84	1.79
	7.56	5.39	4.51	4.02	3.70	3.47	3.30	3.17	3.07	2.98	2.70	2.55	2.39	2.30
40	4.08	3.23	2.84	2.61	2.45	2.34	2.25	2.18	2.12	2.08	1.92	1.84	1.74	1.69
	7.31	5.18	4.31	3.83	3.51	3.29	3.12	2.99	2.89	2.80	2.52	2.37	2.20	2.11
60	4.00	3.15	2.76	2.53	2.37	2.25	2.17	2.10	2.04	1.99	1.84	1.75	1.65	1.59
	7.08	4.98	4.13	3.65	3.34	3.12	2.95	2.82	2.72	2.63	2.35	2.20	2.03	1.94
∞	3.84	3.00	2.60	2.37	2.21	2.10	2.01	1.94	1.88	1.83	1.67	1.57	1.46	1.39
	6.63	4.61	3.78	3.32	3.02	2.80	2.64	2.51	2.41	2.32	2.04	1.88	1.70	1.59

付表5　χ^2表

ϕ ＼ α	.995	.99	.975	.95	.05	.025	.01	.005
1	0.0⁴393	0.0³157	0.0³982	0.0²3	3.84	5.02	6.63	7.88
2	0.0100	0.0201	0.0506	0.103	5.99	7.38	9.21	10.60
3	0.0717	0.115	0.216	0.352	7.81	9.35	11.34	12.84
4	0.207	0.297	0.484	0.711	9.49	11.14	13.28	14.86
5	0.412	0.554	0.831	1.145	11.07	12.83	15.09	16.75
6	0.676	0.872	1.237	1.635	12.59	14.45	16.81	18.55
7	0.989	1.239	1.690	2.17	14.07	16.01	18.48	20.3
8	1.344	1.646	2.18	2.73	15.51	17.53	20.1	22.0
9	1.735	2.09	2.70	3.33	16.92	19.02	21.7	23.6
10	2.16	2.56	3.25	3.94	18.31	20.5	23.2	25.2
11	2.60	3.05	3.82	4.57	19.68	21.9	24.7	26.8
12	3.07	3.57	4.40	5.23	21.0	23.3	26.2	28.3
13	3.57	4.11	5.01	5.89	22.4	24.7	27.7	29.8
14	4.07	4.66	5.63	6.57	23.7	26.1	29.1	31.3
15	4.60	5.23	6.26	7.26	25.0	27.5	30.6	32.8
16	5.14	5.81	6.91	7.96	26.3	28.8	32.0	34.3
17	5.70	6.41	7.56	8.67	27.6	30.2	33.4	35.7
18	6.26	7.01	8.23	9.39	28.9	31.5	34.8	37.2
19	6.84	7.63	8.91	10.12	30.1	32.9	36.2	38.6
20	7.43	8.26	9.59	10.85	31.4	34.2	37.6	40.0
21	8.03	8.90	10.28	11.59	32.7	35.5	38.9	41.4
22	8.64	9.54	10.98	12.34	33.9	36.8	40.3	42.8
23	9.26	10.20	11.69	13.09	35.2	38.1	41.6	44.2
24	9.89	10.86	12.40	13.85	36.4	39.4	43.0	45.6
25	10.52	11.52	13.12	14.61	37.7	40.6	44.3	46.9
30	13.79	14.95	16.79	18.49	43.8	47.0	50.9	53.7
40	20.7	22.2	24.4	26.5	55.8	59.3	63.7	66.8
50	28.0	29.7	32.4	34.8	67.5	71.4	76.2	79.5
60	35.5	37.5	40.5	43.2	79.1	83.3	88.4	92.0
70	43.3	45.4	48.8	51.7	90.5	95.0	100.4	104.2
80	51.2	53.5	57.2	60.4	101.9	106.6	112.3	116.3
90	59.2	61.8	65.6	69.1	113.1	118.1	124.1	128.3
100	67.3	70.1	74.2	77.9	124.3	129.6	135.8	140.2

和 文 索 引

欧 文 索 引

著者略歴

こ まつばらあきのり
小松原明哲

1957年東京生まれ．早稲田大学理工学部工業経営学科卒業．
博士（工学）．日本人間工学会認定人間工学専門家．
産業医科大学医学部訪問研究員，早稲田大学理工学部助手，
金沢工業大学教授を経て，2004年より早稲田大学理工学術院
創造理工学部経営システム工学科教授．

エンジニアのための人間工学 改訂第6版　定価はカバーに表示

1987年10月20日　初　版第1刷
2021年 1 月30日　第6版第1刷
2022年 4 月10日　　　第2刷

著　者　小　松　原　明　哲
発行者　朝　倉　誠　造
発行所　株式会社　朝　倉　書　店

東京都新宿区新小川町6-29
郵 便 番 号　　162-8707
電　話　03（3260）0141
ＦＡＸ　03（3260）0180
https://www.asakura.co.jp

〈検印省略〉

© 2022〈無断複写・転載を禁ず〉　　　印刷・製本　倉敷印刷
ISBN 978-4-254-20179-6　C 3050　　Printed in Japan

本書は株式会社日本出版サービスより出版された
同名書籍を再出版したものです．